おしゃれなホームページづくり

まるっと

Web
デザイン&
パーツ
素材集

ボタン・背景・写真・罫線・フレーム・アイコン・イラスト

井之上奈美・小浜愛香・小林宏紀・錦織幸知・矢野みち子 共著

JN243436

www.MdN.co.jp

MdN
エムディエヌコーポレーション

本書の使い方

▶ 本書の構成について

本書は、ボタン、背景、アイコンといったホームページをつくる際に必要な画像一式をまとめて収録した素材集です。「ビジネス」、「和風」、「高級感」、「ポップ」などのカテゴリに分類されています。また、コピー＆ペーストで使えるコード素材、HTML や CSS を書き換えて使えるページテンプレートも合わせて収録しています。

Part1 パーツ素材（約 2,300点）

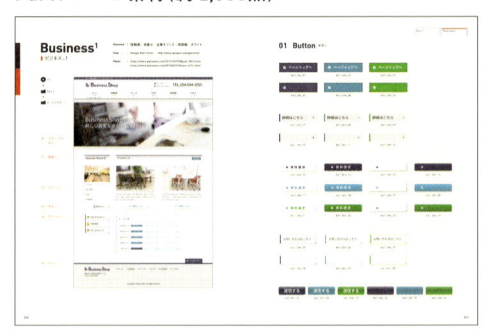

Part2 コード素材（15点）

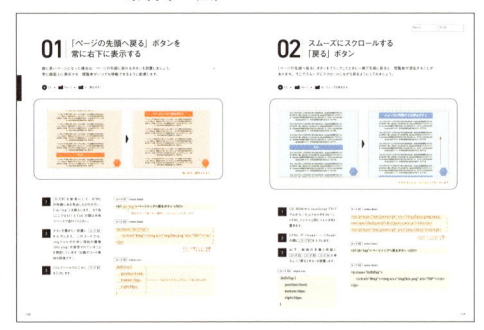

Part3 ページテンプレート（1点）

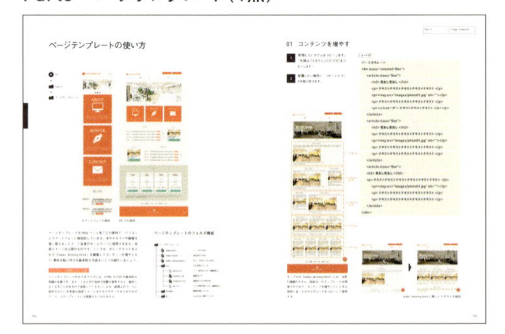

▶ 付属CD-ROMについて

付属CD-ROMには本書に掲載されている素材が収録されています。CD-ROM は Windows と Mac に対応しており、どちらのプラットフォームも同じ内容を収録しています。収録データは、必ずご自身のパソコンにコピーしてからご利用ください。

付属CD-ROM をご利用いただくには、Windows または Mac OS を搭載したパソコンと、収録されている形式のデータを読み込み可能なソフトウエアが別途必要です。収録データを読み込むためのソフトウエアは本CD-ROMには収録されておりません。

※ カラーモードの特性の違いにより、付属CD-ROMに収録されている素材の色と紙面に印刷されている色が多少異なる場合があります。あらかじめご了承ください。

※ 付属CD-ROMをご利用の際は、収録している「はじめにお読みください.html」ファイルを必ず先にお読みください。

※ 付属CD-ROMに収録されているファイルを実行した結果については、著作権者ないし制作者および株式会社エムディエヌコーポレーションは、一切の責任を負いかねます。お客様の責任においてご利用ください。

▶ 収録データについて

付属CD-ROMは本書の紙面に対応した「Part1」〜「Part3」の3つのフォルダで構成されています。

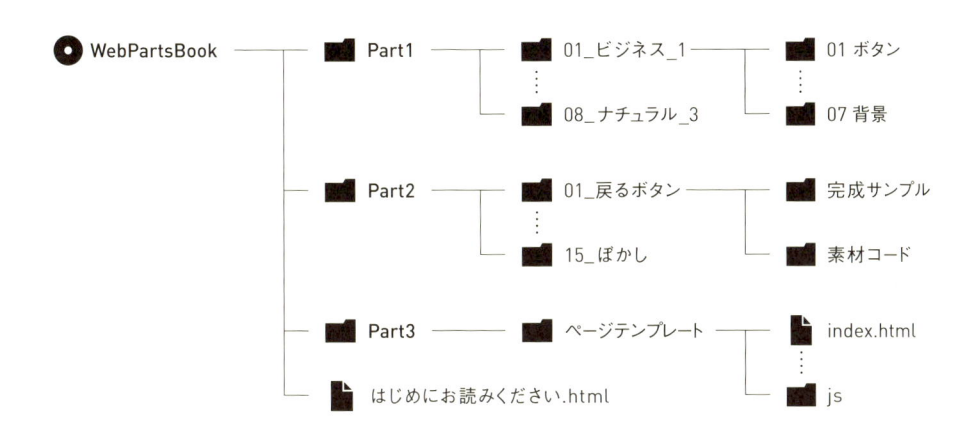

Part1のパーツ素材はPNG形式・JPEG形式で収録されています。
Part2のコード素材は、Webページ形式の「完成サンプル」とコピー＆ペースト用の「素材コード」を収録しています。
Part3のページテンプレートは、雛形および編集用のHTMLファイル・CSSファイル、その他ページの表示や機能に必要なJavaScriptファイルや画像ファイルが収録されています。

▶ 使用許諾範囲について

本書の付属CD-ROMに収録されている素材データは（以下単に「素材データ」といいます）、本製品の購入者に限り、下記に該当する使用を除き、個人・法人を問わず、そのままもしくは翻案・加工して何度でも使用できます。

記

① 公序良俗に反する態様で素材データを使用すること

② その一部であるか全部であるか、あるいは加工（組み合わせも含みます）の有無を問わず、素材データを再配布すること。なお、本項の「再配布」とは、有償・無償を問わず、書籍・CD・DVD等の媒体を利用する配布、インターネット等の通信手段を利用する配布等を意味します。また、素材データをサーバー等にアップロードして送信可能化する場合も含みます

③ 素材データに関し、著作権登録、意匠登録および商標登録など知的財産権の登録を行うこと

◯ 上記の禁止事項に該当せず、当社が許諾する方法で素材データを使用する場合は、個別に許諾申請をしていただく必要はありません。また、著作権料や二次使用料を別途お支払いいただく必要もありません。 ◯ 素材データの著作権その他一切の権利は、当社または著作者に留保されるものとします。 ◯ 素材データの使用または使用に関連して、ユーザー様に直接または間接的に生ずる一切の損害および第三者からなされる請求について、 当社および著作者ないし制作者は一切責任を負担しません。 ◯ ご利用にあたってご不明な点がございましたら、エムディエヌカスタマーセンター（info@MdN.co.jp）までお問い合わせください。

Contents

Part1 パーツ素材

Business¹   008
▶ ビジネス_1

Business²   014
▶ ビジネス_2

Business³   020
▶ ビジネス_3

Flat¹   026
▶ フラット_1

Flat²   030
▶ フラット_2

Japanesque¹   034
▶ 和風_1

Japanesque²   040
▶ 和風_2

Japanesque³   044
▶ 和風_3

Luxury¹   050
▶ 高級感_1

Luxury²   056
▶ 高級感_2

Luxury³   062
▶ 高級感_3

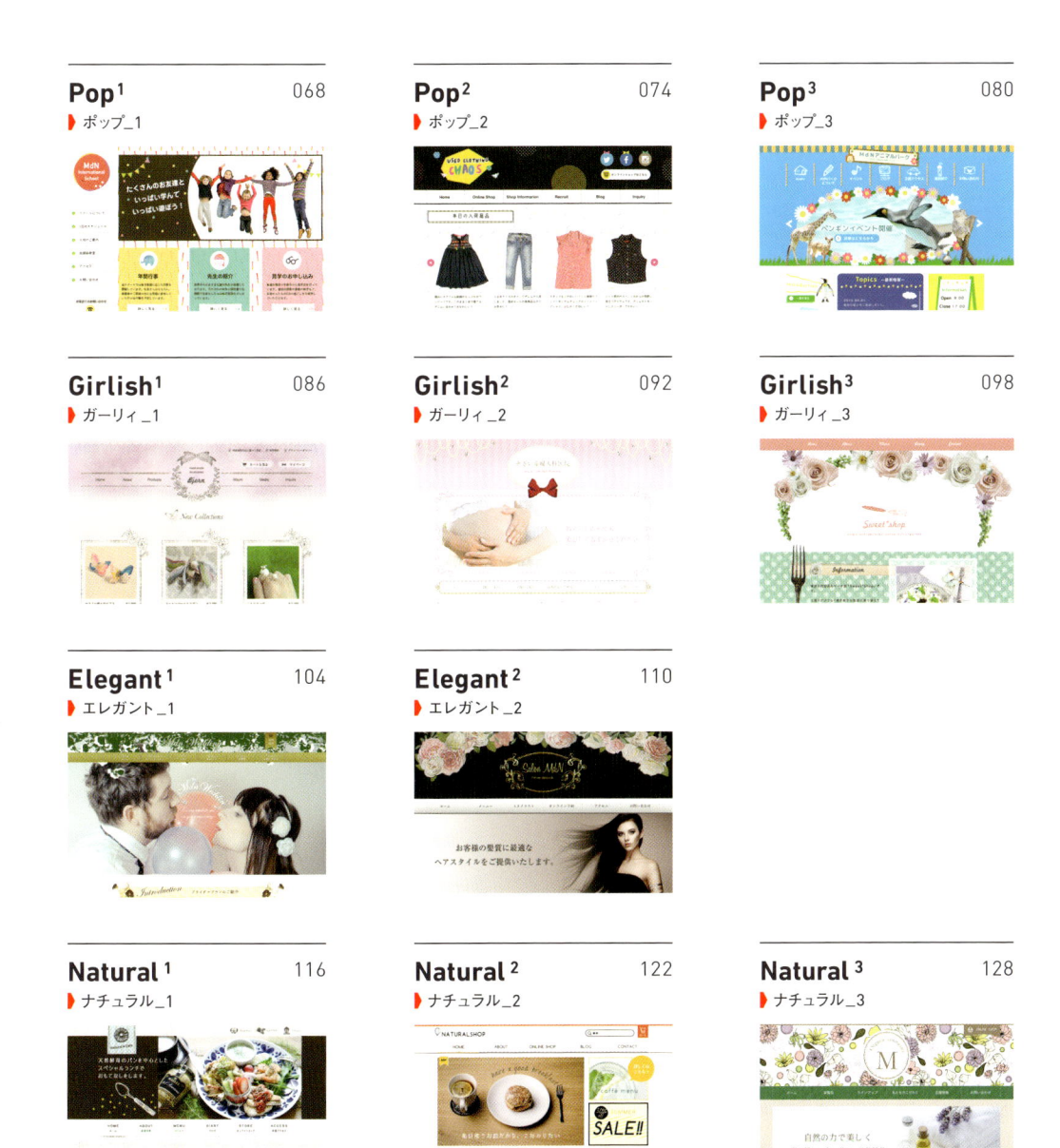

Part 2 コード素材

Part 3 ページテンプレート

・本書に掲載されている技術情報やURL、Webサービス等は、2015年9月現在の情報です。発行以降の技術仕様やWebサイト／サービス運営主の方針変更等により、記載されている内容が実際と異なる場合があります。あらかじめご了承ください。

・本書のサポート情報につきましては、http://www.mdn.co.jp/di/book/3215203005/ よりご覧ください。

Part1

パーツ素材

Business[1]

▶ ビジネス_1

Keyword ： 信頼感｜弁護士｜企業オフィス｜清潔感｜ホワイト

Font ： Google Noto Fonts　http://www.google.com/get/noto/

Photo ： https://www.pakutaso.com/20131227338post-3563.html
https://www.pakutaso.com/20140622161post-4214.html

● CD
▼
■ Part 1
▼
■ 01_ ビジネス_1

05　グローバル
　　ナビ

02　見出し

03　フレーム

01　ボタン

06　アイコン

04　ライン

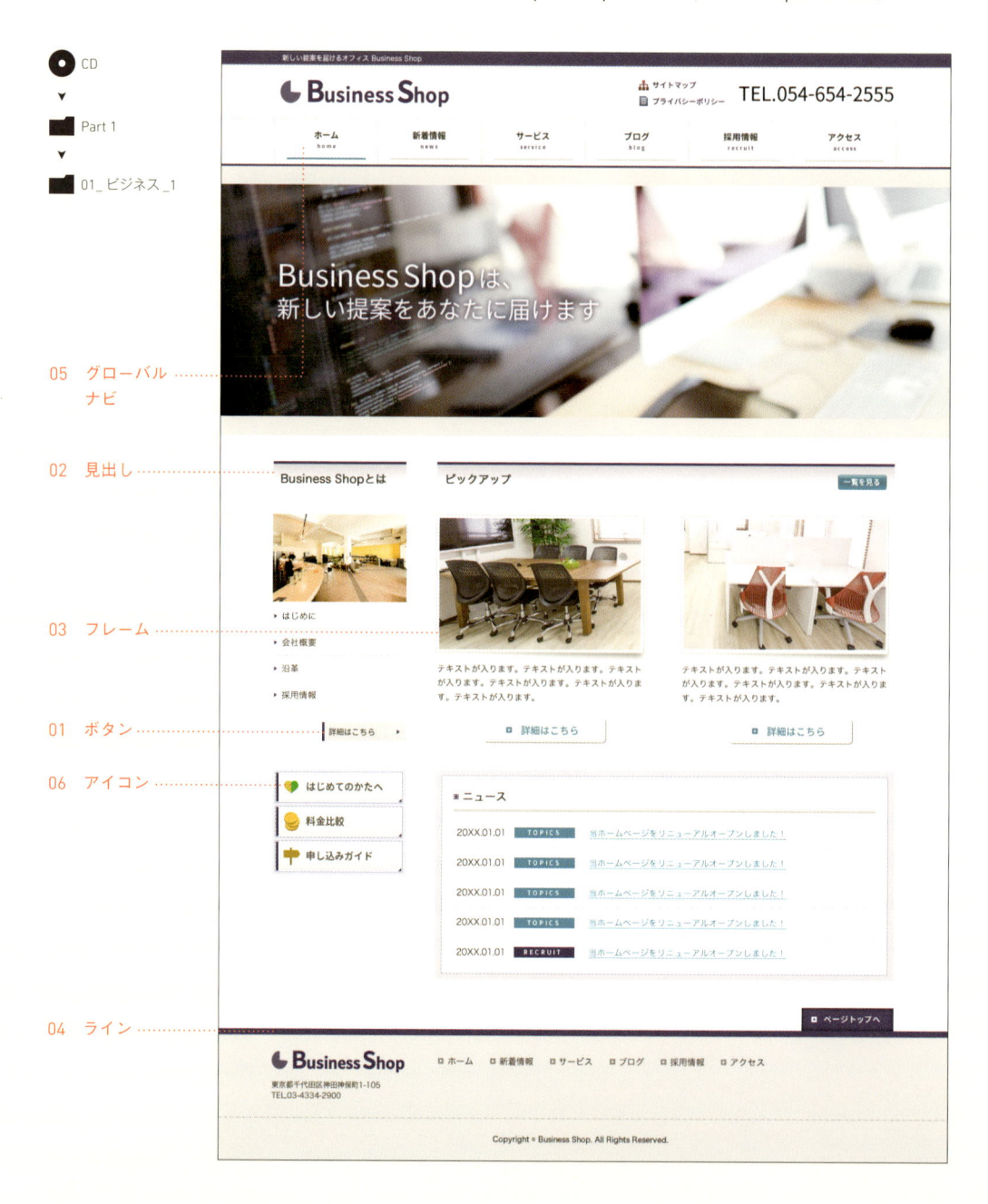

01 | **Button** ボタン

biz1_btn_01   biz1_btn_02   biz1_btn_03

biz1_btn_04   biz1_btn_05   biz1_btn_06

biz1_btn_07   biz1_btn_08   biz1_btn_09

biz1_btn_10   biz1_btn_11   biz1_btn_12

biz1_btn_13   biz1_btn_14   biz1_btn_15   biz1_btn_16

biz1_btn_17   biz1_btn_18   biz1_btn_19   biz1_btn_20

biz1_btn_21   biz1_btn_22   biz1_btn_23   biz1_btn_24

biz1_btn_25   biz1_btn_26   biz1_btn_27

biz1_btn_28   biz1_btn_29   biz1_btn_30

biz1_btn_31   biz1_btn_32   biz1_btn_33   biz1_btn_34   biz1_btn_35   biz1_btn_36

02 | Headline 見出し

biz1_h_01

biz1_h_02

biz1_h_03

biz1_h_04

biz1_h_05

biz1_h_06

biz1_h_07

biz1_h_08

biz1_h_09

biz1_h_10

biz1_h_11

biz1_h_12

biz1_h_13

SAMPLE

Business Shopとは

03 | **Frame** フレーム

biz1_frame_01   biz1_frame_02

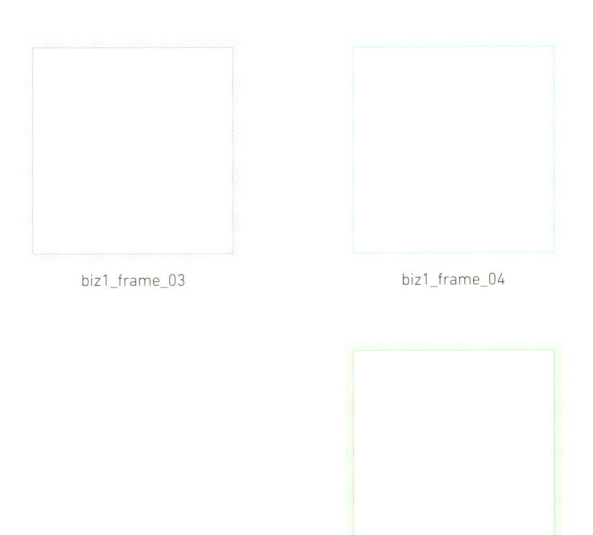

biz1_frame_03   biz1_frame_04

biz1_frame_05

04 | **Line** ライン

biz1_line_01

biz1_line_02

biz1_line_03

05 | Global Navi グローバルナビ

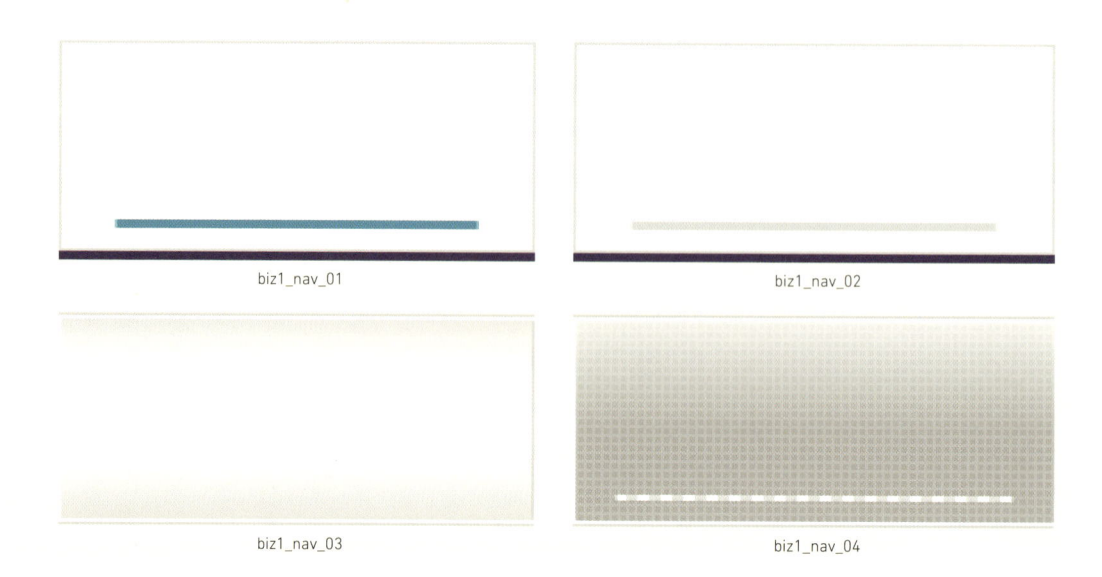

biz1_nav_01

biz1_nav_02

biz1_nav_03

biz1_nav_04

06 | Icon アイコン

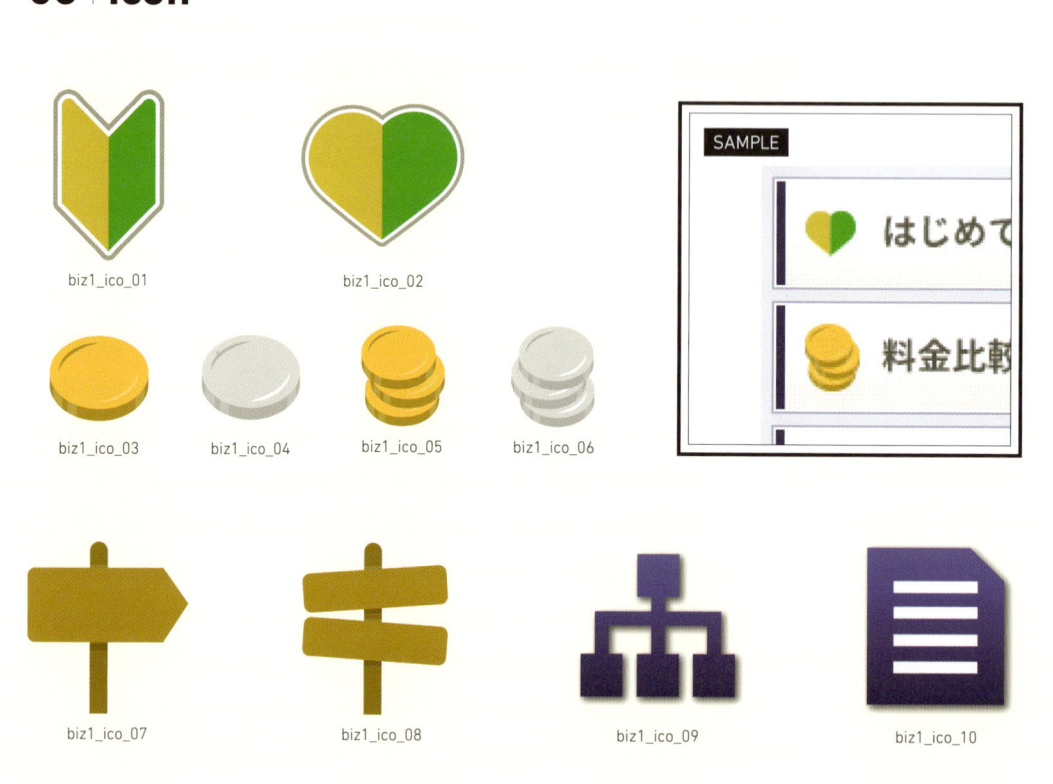

biz1_ico_01

biz1_ico_02

biz1_ico_03

biz1_ico_04

biz1_ico_05

biz1_ico_06

biz1_ico_07

biz1_ico_08

biz1_ico_09

biz1_ico_10

07 | Background image 背景

biz1_bg_01

biz1_bg_02

biz1_bg_03

biz1_bg_04

Business²

ビジネス_2

Keyword : 医療｜病院｜清潔感｜優しい｜癒し

Font : 梅ゴシック　https://osdn.jp/projects/ume-font/wiki/FrontPage
Axis　https://www.behance.net/gallery/17890579/AXIS-Typeface?

Photo : 写真 AC　http://www.photo-ac.com/

- CD
- Part 1
- 01_ビジネス_2

03　フレーム

06　アイコン

05　グローバル
　　ナビ

08　背景

02　見出し

01　ボタン

04　ライン

07　イラスト

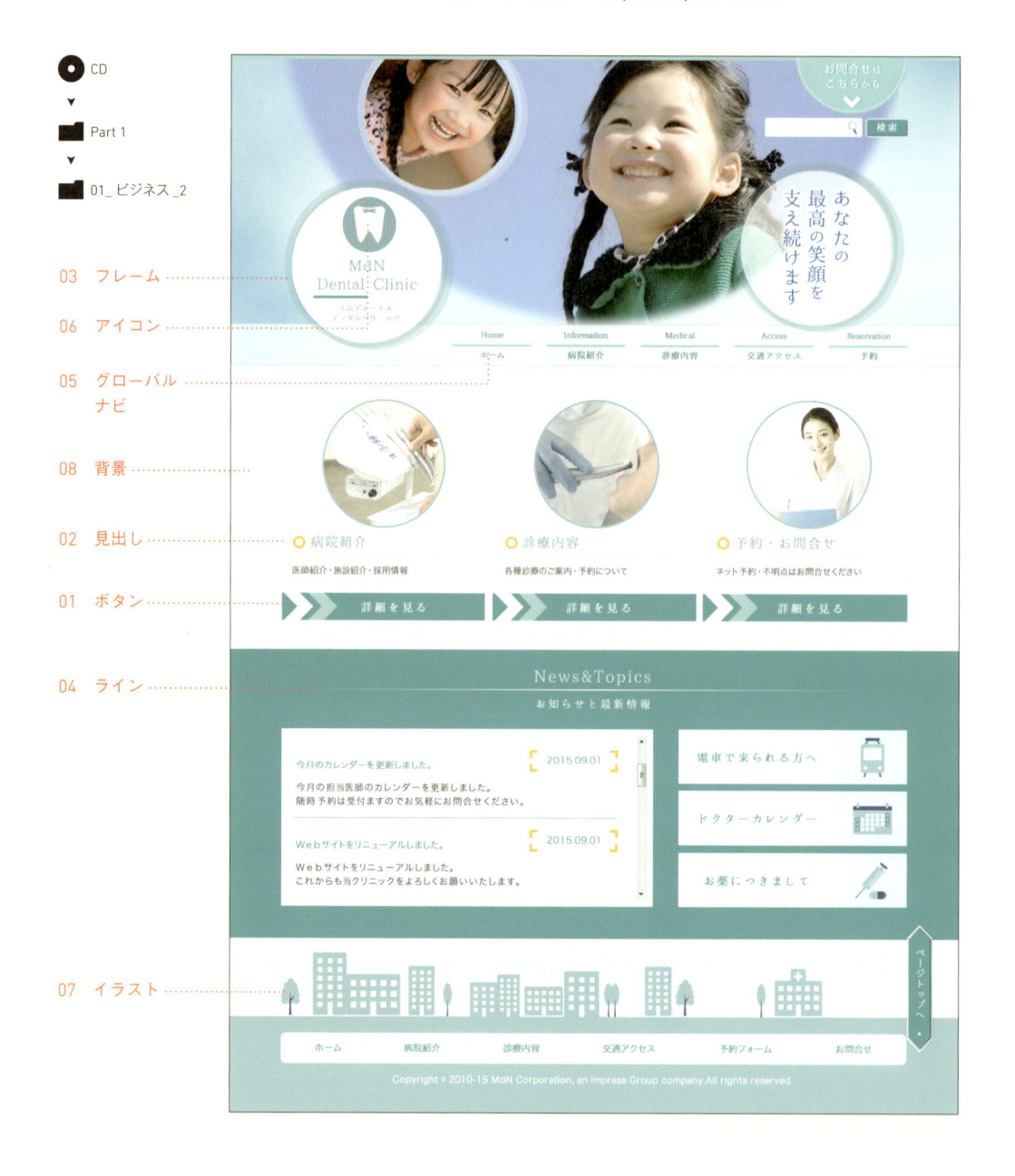

01 | **Button** ボタン

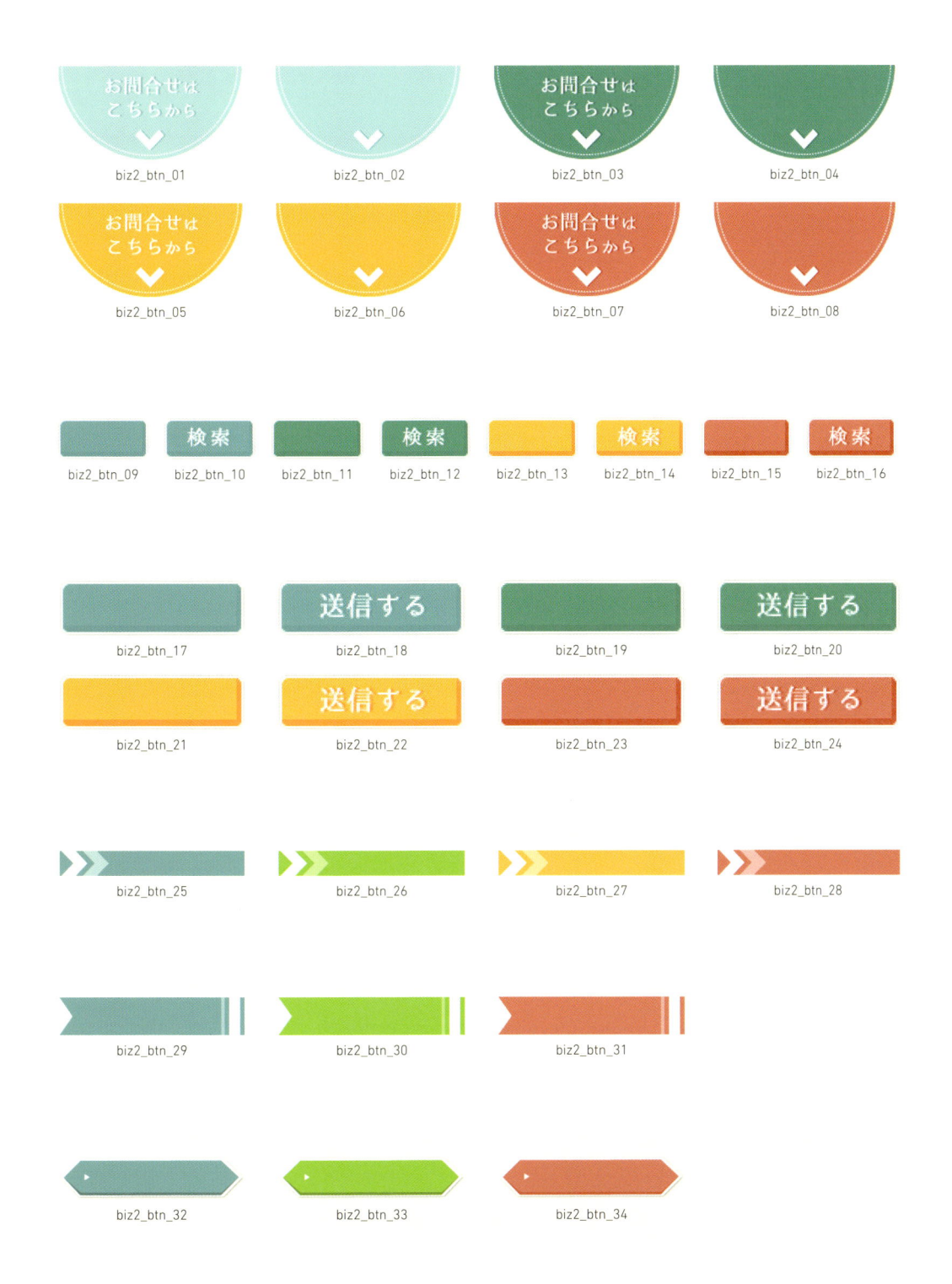

biz2_btn_01

biz2_btn_02

biz2_btn_03

biz2_btn_04

biz2_btn_05

biz2_btn_06

biz2_btn_07

biz2_btn_08

biz2_btn_09

biz2_btn_10

biz2_btn_11

biz2_btn_12

biz2_btn_13

biz2_btn_14

biz2_btn_15

biz2_btn_16

biz2_btn_17

biz2_btn_18

biz2_btn_19

biz2_btn_20

biz2_btn_21

biz2_btn_22

biz2_btn_23

biz2_btn_24

biz2_btn_25

biz2_btn_26

biz2_btn_27

biz2_btn_28

biz2_btn_29

biz2_btn_30

biz2_btn_31

biz2_btn_32

biz2_btn_33

biz2_btn_34

02 | Headline 見出し

biz2_h_01

biz2_h_02

biz2_h_03

biz2_h_04

biz2_h_05

biz2_h_06

biz2_h_07

biz2_h_08

biz2_h_09

biz2_h_10

biz2_h_11

biz2_h_12

biz2_h_13

biz2_h_14

biz2_h_15

biz2_h_16

03 | **Frame** フレーム

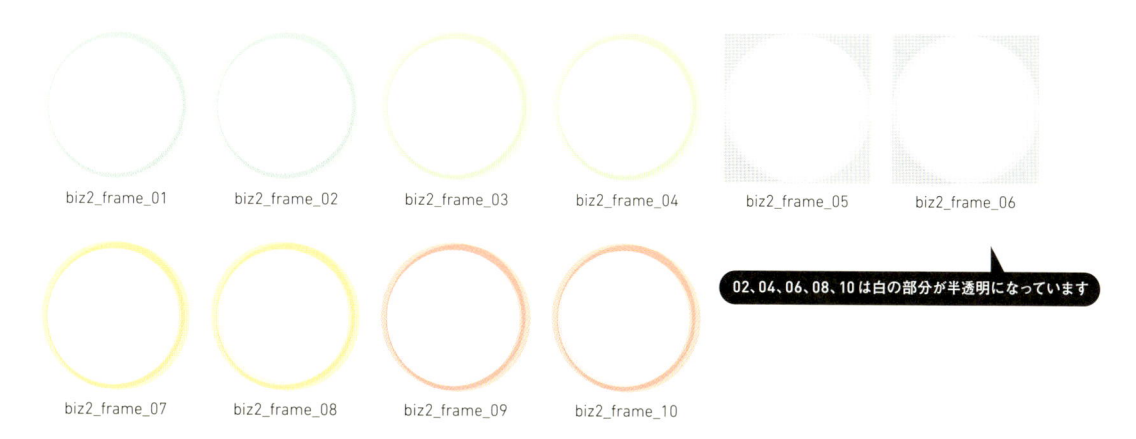

biz2_frame_01

biz2_frame_02

biz2_frame_03

biz2_frame_04

biz2_frame_05

biz2_frame_06

biz2_frame_07

biz2_frame_08

biz2_frame_09

biz2_frame_10

02、04、06、08、10 は白の部分が半透明になっています

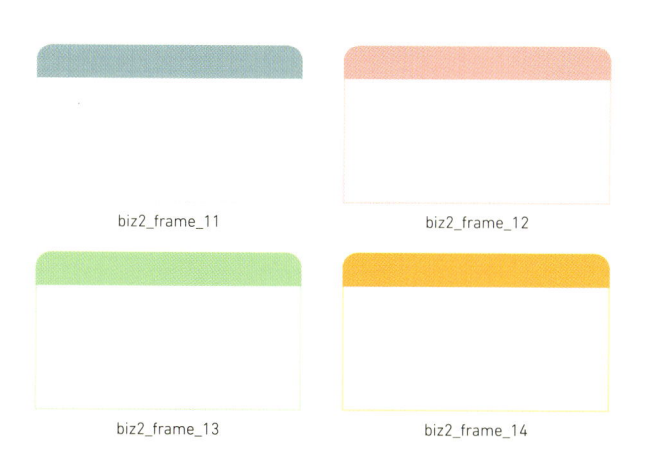

biz2_frame_11

biz2_frame_12

biz2_frame_13

biz2_frame_14

04 | **Line** ライン

biz2_line_01

biz2_line_02

biz2_line_03

biz2_line_04

biz2_line_05

biz2_line_06

biz2_line_07

biz2_line_08

biz2_line_09

05 | Global Navi グローバルナビ

biz2_nav_01

biz2_nav_02

biz2_nav_03

biz2_nav_04

biz2_nav_05

biz2_nav_06

biz2_nav_07

biz2_nav_08

biz2_nav_09

biz2_nav_10

biz2_nav_11

biz2_nav_12

biz2_nav_13

biz2_nav_14

biz2_nav_15

biz2_nav_16

biz2_nav_17

biz2_nav_18

biz2_nav_19

biz2_nav_20

biz2_nav_21

biz2_nav_22

biz2_nav_23

biz2_nav_24

06 | Icon アイコン

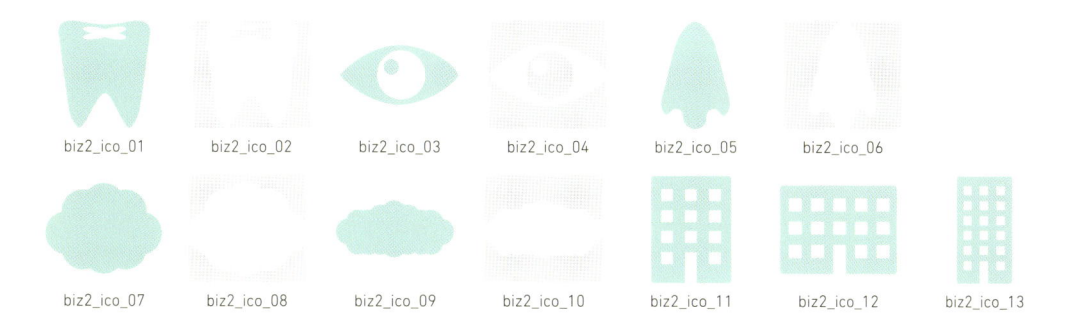

| biz2_ico_01 | biz2_ico_02 | biz2_ico_03 | biz2_ico_04 | biz2_ico_05 | biz2_ico_06 |

| biz2_ico_07 | biz2_ico_08 | biz2_ico_09 | biz2_ico_10 | biz2_ico_11 | biz2_ico_12 | biz2_ico_13 |

07 | Illust イラスト

| biz2_img_01 | biz2_img_02 | biz2_img_03 | biz2_img_04 | biz2_img_05 | biz2_img_06 | biz2_img_07 | biz2_img_08 | biz2_img_09 |

| biz2_img_10 | biz2_img_11 | biz2_img_12 | biz2_img_13 | biz2_img_14 | biz2_img_15 | biz2_img_16 | biz2_img_17 | biz2_img_18 |

| biz2_img_19 | biz2_img_20 | biz2_img_21 | biz2_img_22 | biz2_img_23 | biz2_img_24 | biz2_img_25 | biz2_img_26 | biz2_img_27 |

| biz2_img_28 | biz2_img_29 | biz2_img_30 | biz2_img_31 | biz2_img_32 | biz2_img_33 | biz2_img_34 | biz2_img_35 | biz2_img_36 |

08 | Background image 背景

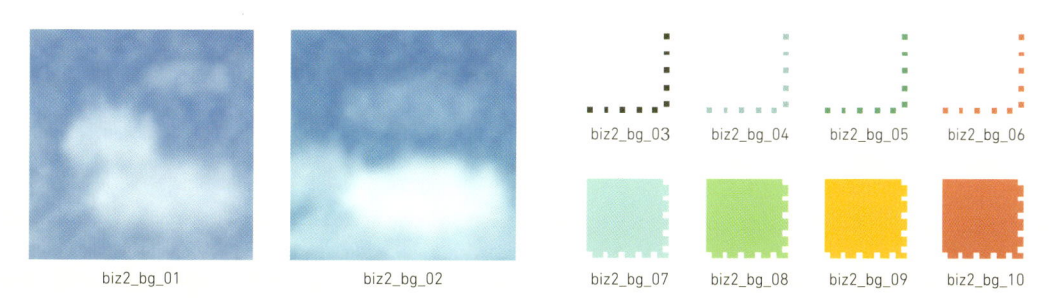

| biz2_bg_01 | biz2_bg_02 | biz2_bg_03 | biz2_bg_04 | biz2_bg_05 | biz2_bg_06 |

| biz2_bg_07 | biz2_bg_08 | biz2_bg_09 | biz2_bg_10 |

Business³

▶ ビジネス_3

Keyword ： 学校｜塾｜元気｜安心感｜楽しい

Font ： 梅ゴシック https://osdn.jp/projects/ume-font/wiki/FrontPage
Axis https://www.behance.net/gallery/17890579/AXIS-Typeface?

Photo ： 写真 AC http://www.photo-ac.com/

● CD
▼
■ Part 1
▼
■ 01_ ビジネス _3

05 グローバル
ナビ

07 イラスト

03 フレーム

08 背景

01 ボタン

06 アイコン

04 ライン

02 見出し

01 │ **Button** ボタン

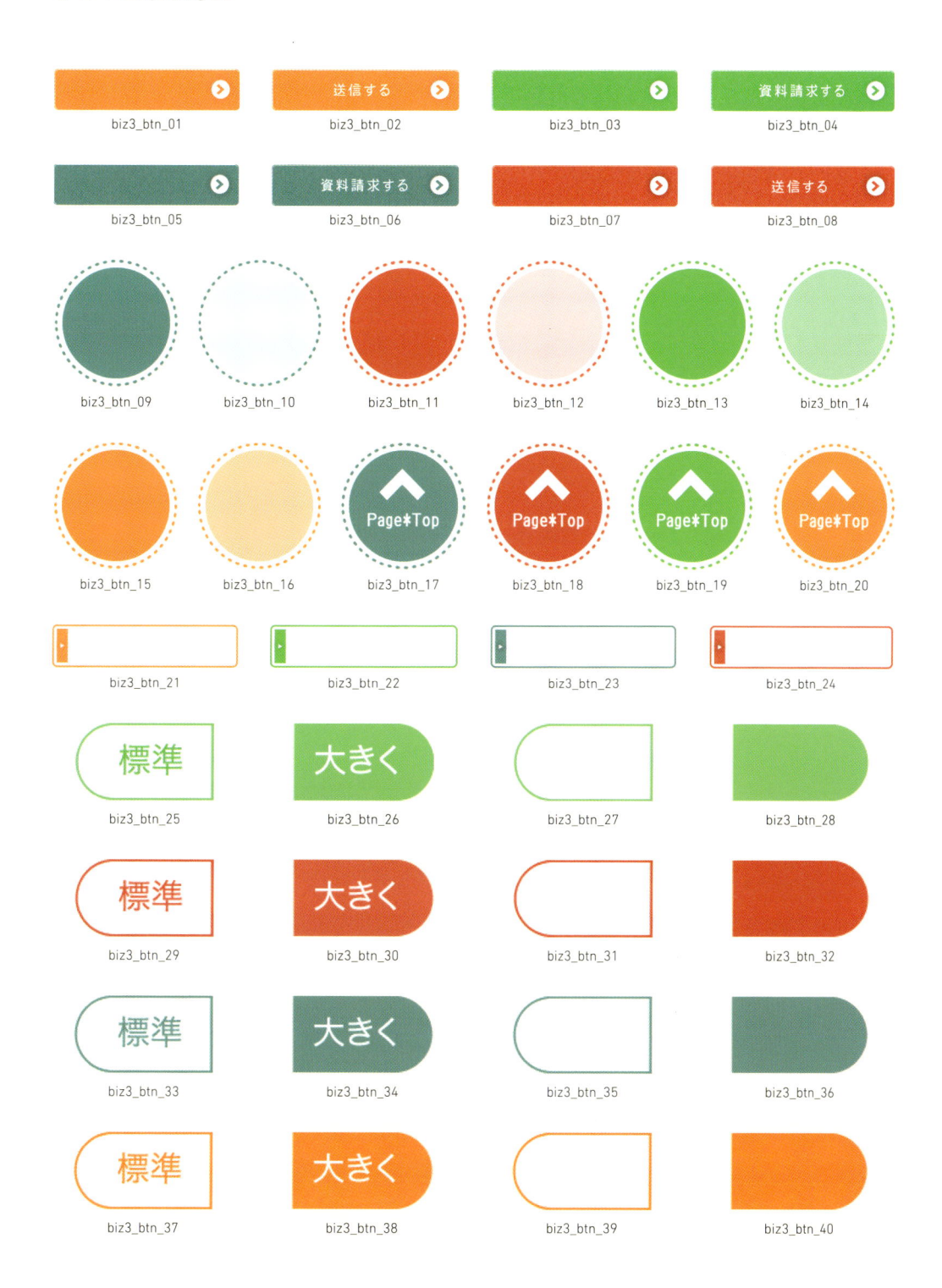

02 | Headline 見出し

biz3_h_01

biz3_h_02

biz3_h_03

biz3_h_04

biz3_h_05

biz3_h_06

biz3_h_07

biz3_h_08

biz3_h_09

biz3_h_10

biz3_h_11

biz3_h_12

biz3_h_13

biz3_h_14

biz3_h_15

biz3_h_16

biz3_h_17

biz3_h_18

biz3_h_19

biz3_h_20

biz3_h_21

biz3_h_22

biz3_h_23

biz3_h_24

biz3_h_25

03 | **Frame** フレーム

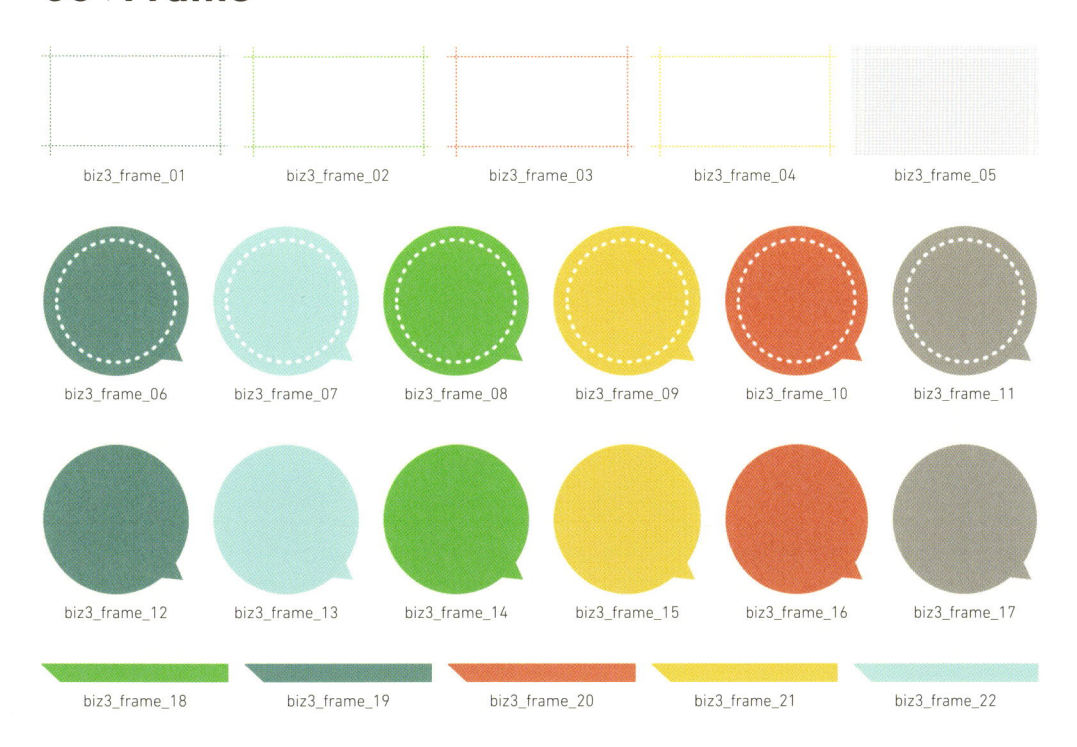

biz3_frame_01 biz3_frame_02 biz3_frame_03 biz3_frame_04 biz3_frame_05

biz3_frame_06 biz3_frame_07 biz3_frame_08 biz3_frame_09 biz3_frame_10 biz3_frame_11

biz3_frame_12 biz3_frame_13 biz3_frame_14 biz3_frame_15 biz3_frame_16 biz3_frame_17

biz3_frame_18 biz3_frame_19 biz3_frame_20 biz3_frame_21 biz3_frame_22

04 | **Line** ライン

biz3_line_01 biz3_line_02 biz3_line_03

biz3_line_04 biz3_line_05 biz3_line_06

biz3_line_07 biz3_line_08 biz3_line_09

biz3_line_10 biz3_line_11 biz3_line_12

biz3_line_13 biz3_line_14 biz3_line_15

biz3_line_16 biz3_line_17 biz3_line_18

biz3_line_19 biz3_line_20 biz3_line_21

biz3_line_22 biz3_line_23

05 | Global Navi グローバルナビ

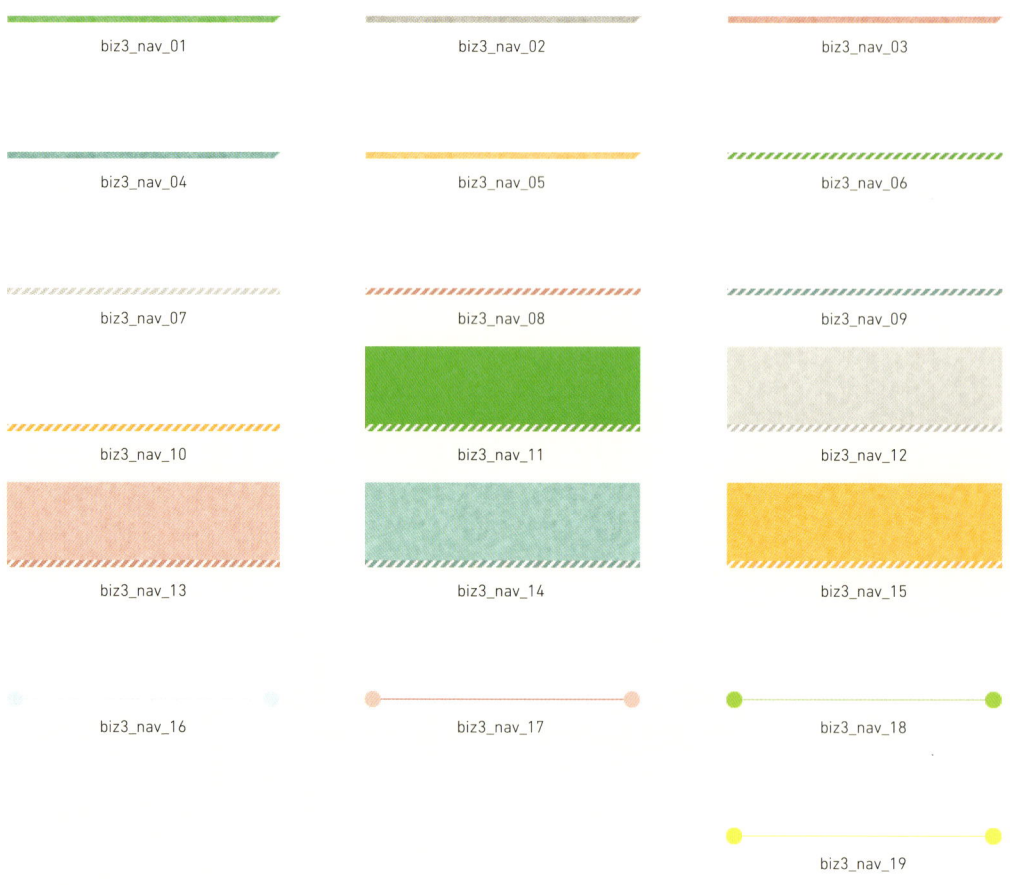

biz3_nav_01

biz3_nav_02

biz3_nav_03

biz3_nav_04

biz3_nav_05

biz3_nav_06

biz3_nav_07

biz3_nav_08

biz3_nav_09

biz3_nav_10

biz3_nav_11

biz3_nav_12

biz3_nav_13

biz3_nav_14

biz3_nav_15

biz3_nav_16

biz3_nav_17

biz3_nav_18

biz3_nav_19

06 | Icon アイコン

biz3_ico_01

biz3_ico_02

biz3_ico_03

biz3_ico_04

biz3_ico_05

biz3_ico_06

biz3_ico_07

biz3_ico_08

07 | Illust イラスト

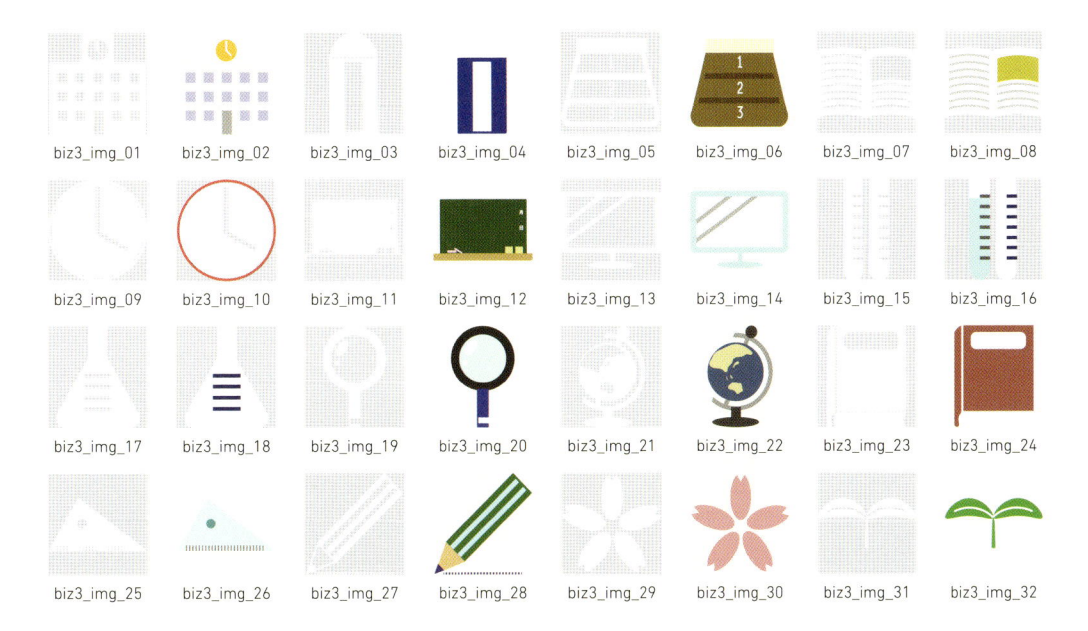

biz3_img_01 biz3_img_02 biz3_img_03 biz3_img_04 biz3_img_05 biz3_img_06 biz3_img_07 biz3_img_08

biz3_img_09 biz3_img_10 biz3_img_11 biz3_img_12 biz3_img_13 biz3_img_14 biz3_img_15 biz3_img_16

biz3_img_17 biz3_img_18 biz3_img_19 biz3_img_20 biz3_img_21 biz3_img_22 biz3_img_23 biz3_img_24

biz3_img_25 biz3_img_26 biz3_img_27 biz3_img_28 biz3_img_29 biz3_img_30 biz3_img_31 biz3_img_32

08 | Background image 背景

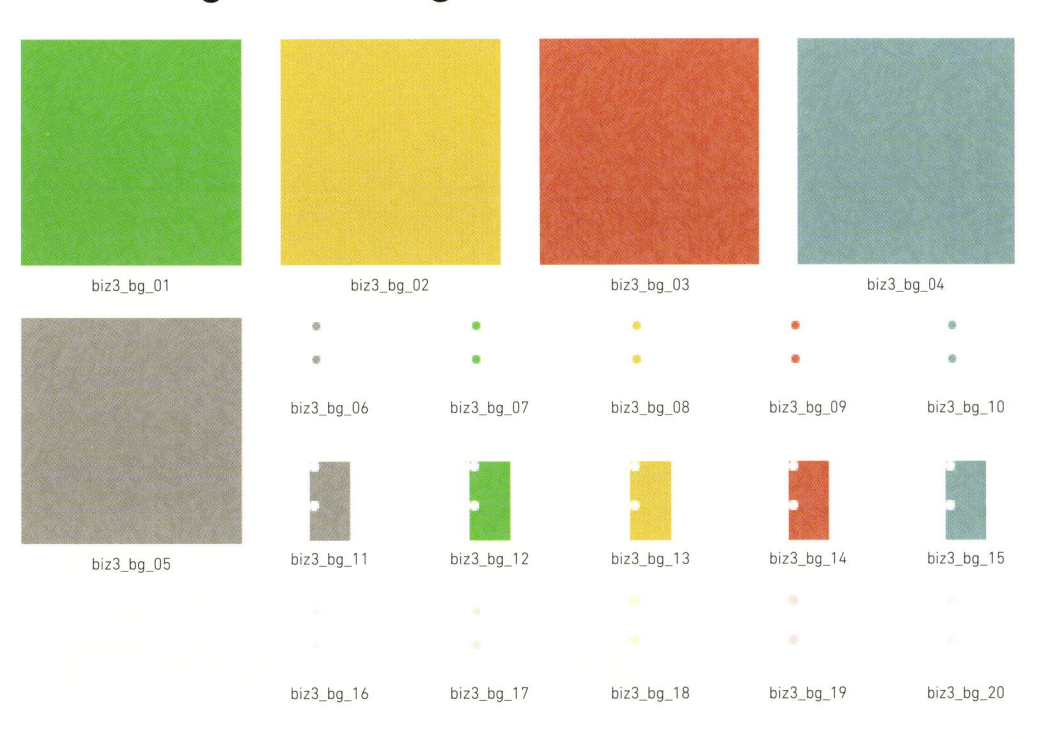

biz3_bg_01 biz3_bg_02 biz3_bg_03 biz3_bg_04

biz3_bg_06 biz3_bg_07 biz3_bg_08 biz3_bg_09 biz3_bg_10

biz3_bg_05 biz3_bg_11 biz3_bg_12 biz3_bg_13 biz3_bg_14 biz3_bg_15

biz3_bg_16 biz3_bg_17 biz3_bg_18 biz3_bg_19 biz3_bg_20

Flat¹

▶ フラット_1

Keyword	：	スタンダード｜事務所｜ベンチャー｜明るい｜シンプル
Font	：	Google Noto Fonts　http://www.google.com/get/noto/
Photo	：	https://www.pakutaso.com/20140823219it-1.html
		https://www.pakutaso.com/20140813219wi-fi.html

● CD
▼
■ Part 1
▼
■ 02_ フラット_1

04　グローバル
　　ナビ

02　見出し

05　アイコン

01　ボタン

03　フレーム

06　背景

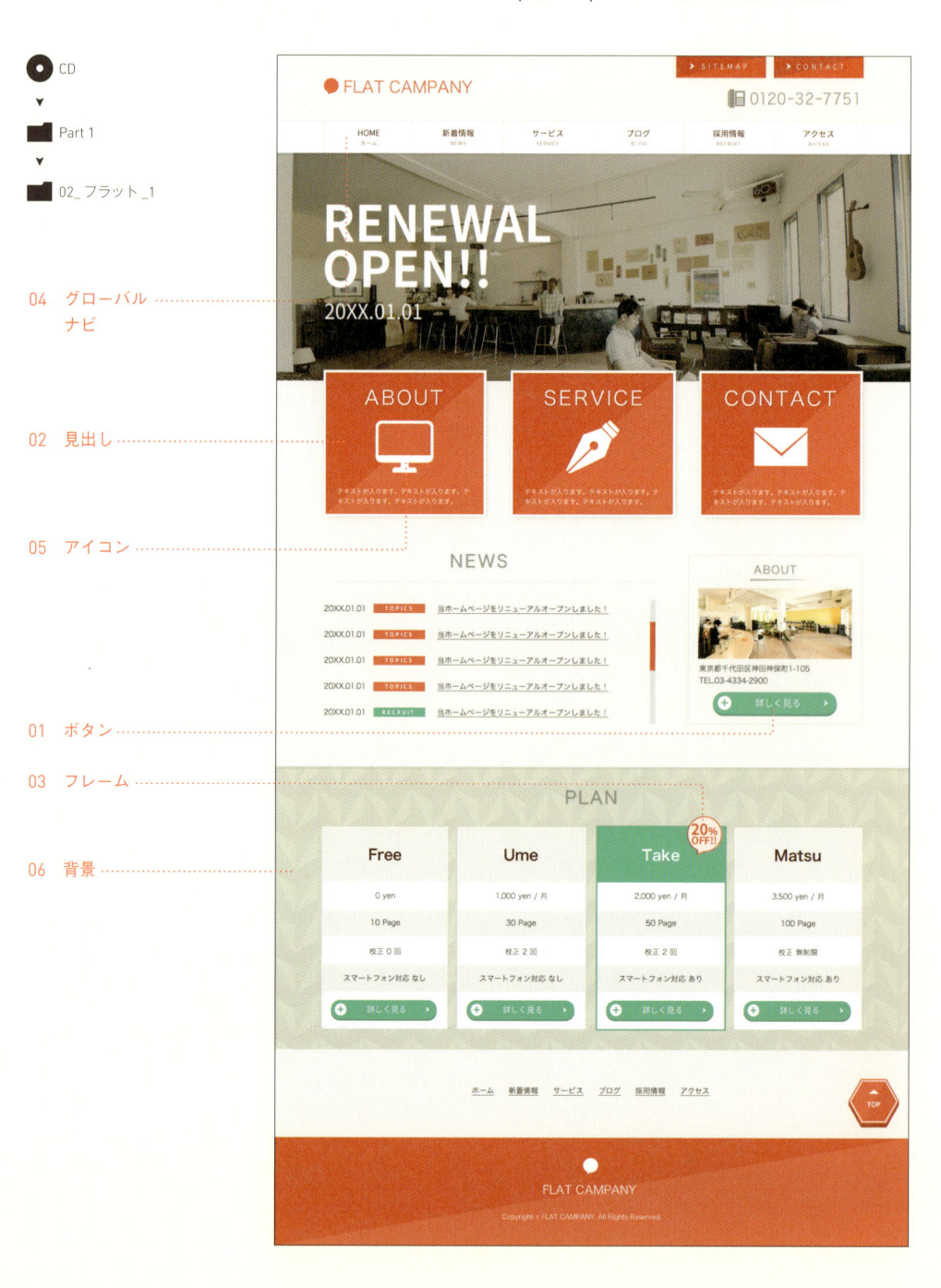

01 | Button ボタン

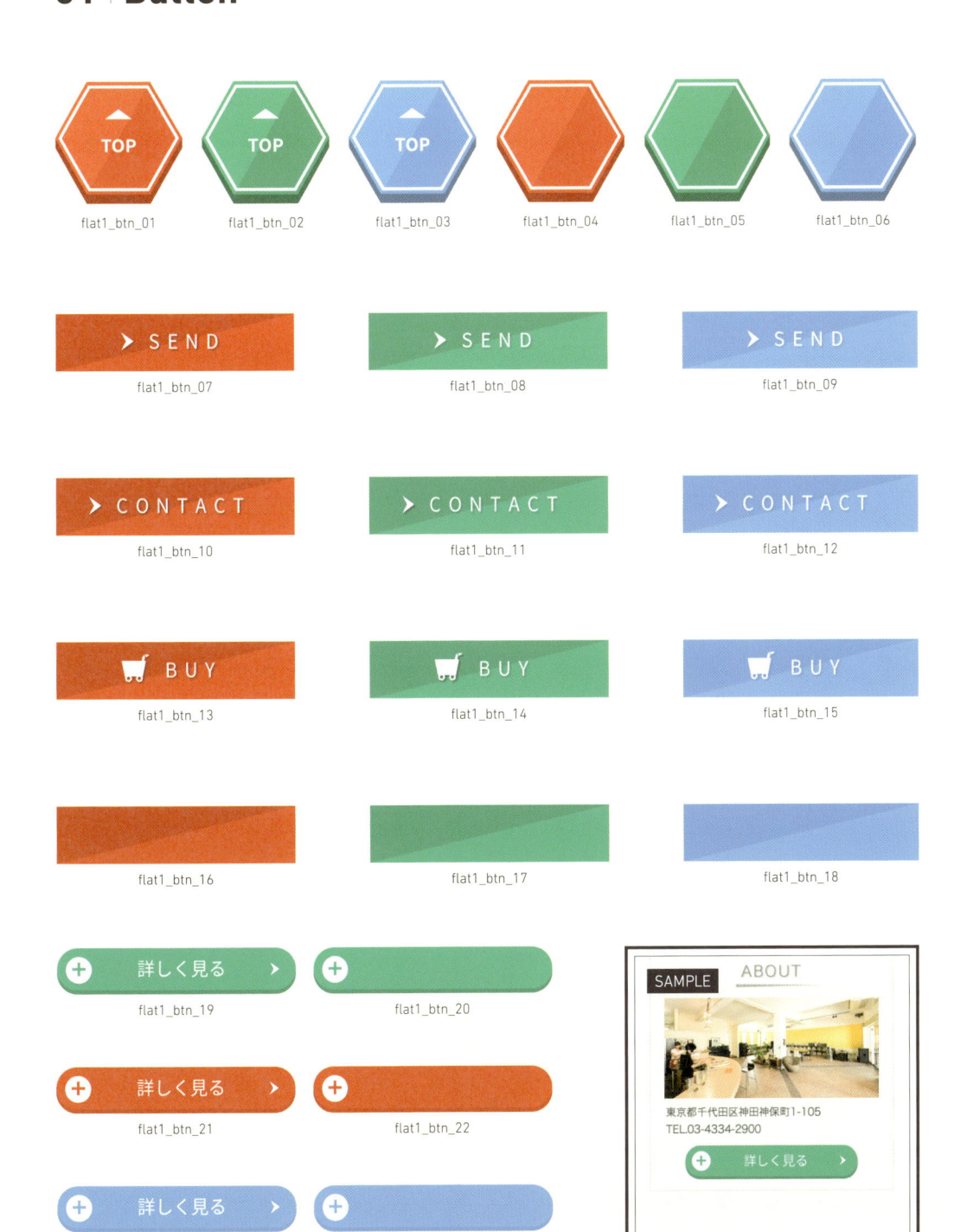

flat1_btn_01 　 flat1_btn_02 　 flat1_btn_03 　 flat1_btn_04 　 flat1_btn_05 　 flat1_btn_06

flat1_btn_07 　 flat1_btn_08 　 flat1_btn_09

flat1_btn_10 　 flat1_btn_11 　 flat1_btn_12

flat1_btn_13 　 flat1_btn_14 　 flat1_btn_15

flat1_btn_16 　 flat1_btn_17 　 flat1_btn_18

flat1_btn_19 　 flat1_btn_20

flat1_btn_21 　 flat1_btn_22

flat1_btn_23 　 flat1_btn_24

SAMPLE　ABOUT

東京都千代田区神田神保町1-105
TEL.03-4334-2900

詳しく見る

02 | Headline 見出し

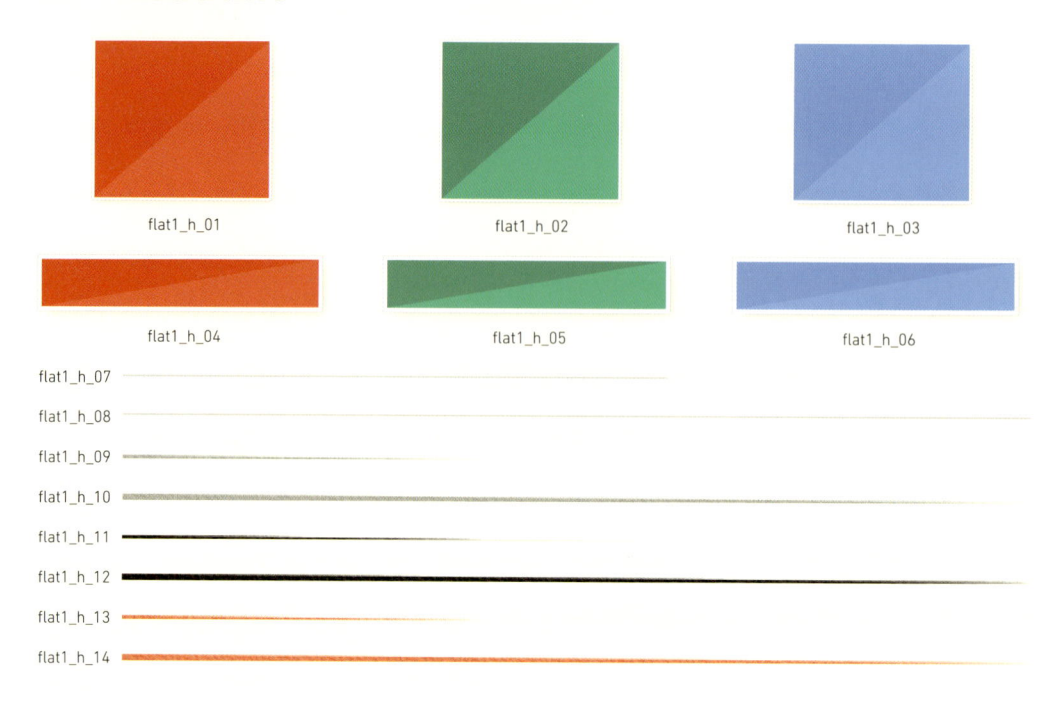

flat1_h_01

flat1_h_02

flat1_h_03

flat1_h_04

flat1_h_05

flat1_h_06

flat1_h_07

flat1_h_08

flat1_h_09

flat1_h_10

flat1_h_11

flat1_h_12

flat1_h_13

flat1_h_14

03 | Frame フレーム

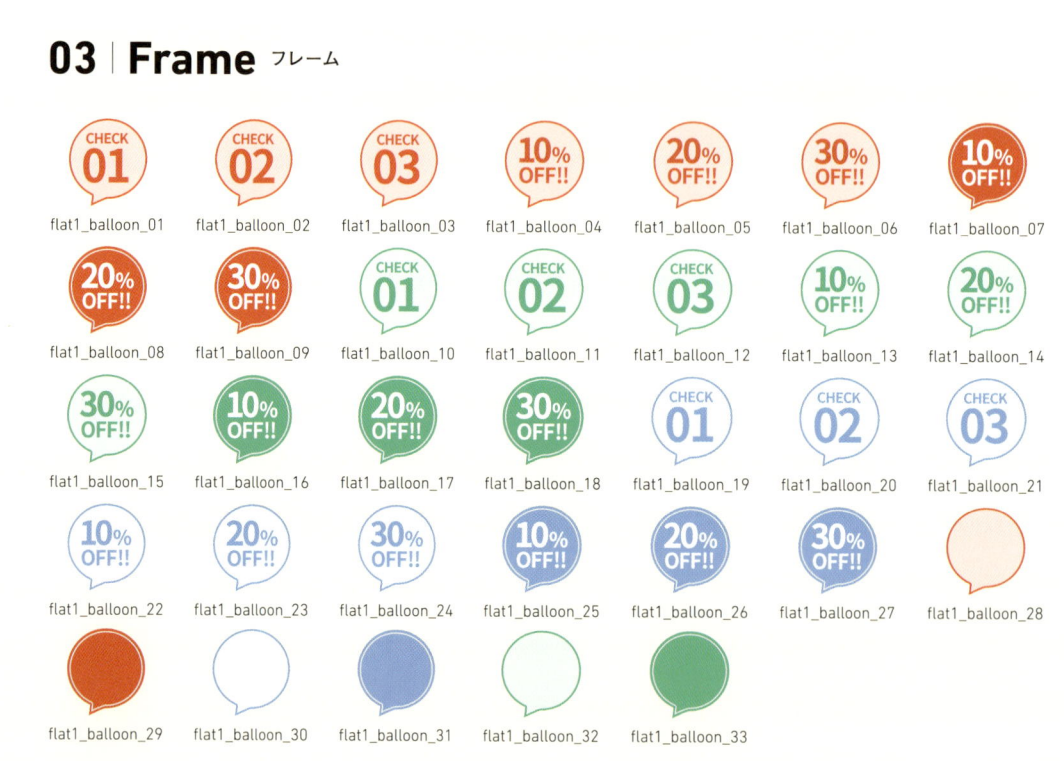

flat1_balloon_01

flat1_balloon_02

flat1_balloon_03

flat1_balloon_04

flat1_balloon_05

flat1_balloon_06

flat1_balloon_07

flat1_balloon_08

flat1_balloon_09

flat1_balloon_10

flat1_balloon_11

flat1_balloon_12

flat1_balloon_13

flat1_balloon_14

flat1_balloon_15

flat1_balloon_16

flat1_balloon_17

flat1_balloon_18

flat1_balloon_19

flat1_balloon_20

flat1_balloon_21

flat1_balloon_22

flat1_balloon_23

flat1_balloon_24

flat1_balloon_25

flat1_balloon_26

flat1_balloon_27

flat1_balloon_28

flat1_balloon_29

flat1_balloon_30

flat1_balloon_31

flat1_balloon_32

flat1_balloon_33

04 | Global Navi グローバルナビ

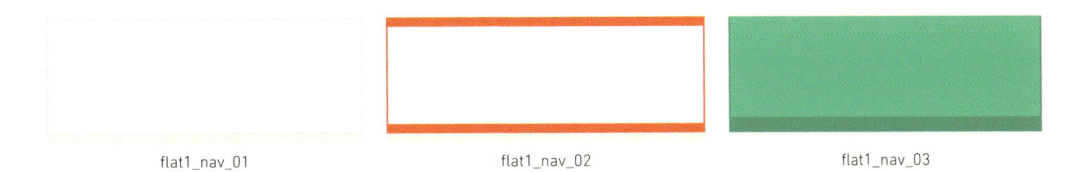

flat1_nav_01　　　　　　　flat1_nav_02　　　　　　　flat1_nav_03

05 | Icon アイコン

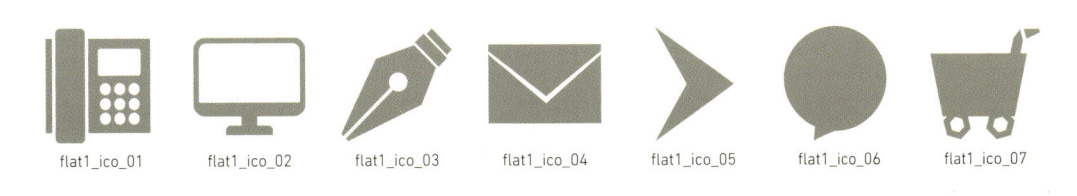

flat1_ico_01　　flat1_ico_02　　flat1_ico_03　　flat1_ico_04　　flat1_ico_05　　flat1_ico_06　　flat1_ico_07

06 | Background image 背景

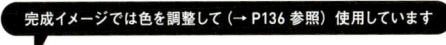

完成イメージでは色を調整して（→ P136 参照）使用しています

flat1_bg_01　　　　　　　　　　　　flat1_bg_02

flat1_bg_03　　　　　　　　　　　　flat1_bg_04

Flat²

▶ フラット_2

Keyword	:	カラフル｜若者｜丸み｜楽しい｜シングルページ風
Font	:	Google Noto Fonts　http://www.google.com/get/noto/
Photo	:	https://www.pakutaso.com/20150730198post-5771.html
		https://www.pakutaso.com/20131226353post-3619.html
		https://www.pakutaso.com/20140813219wi-fi.html

● CD
▼
■ Part 1
▼
■ 02_ フラット_2

06　アイコン

03　フレーム

07　背景

01　ボタン

02　見出し

04　ライン

01 | Button ボタン

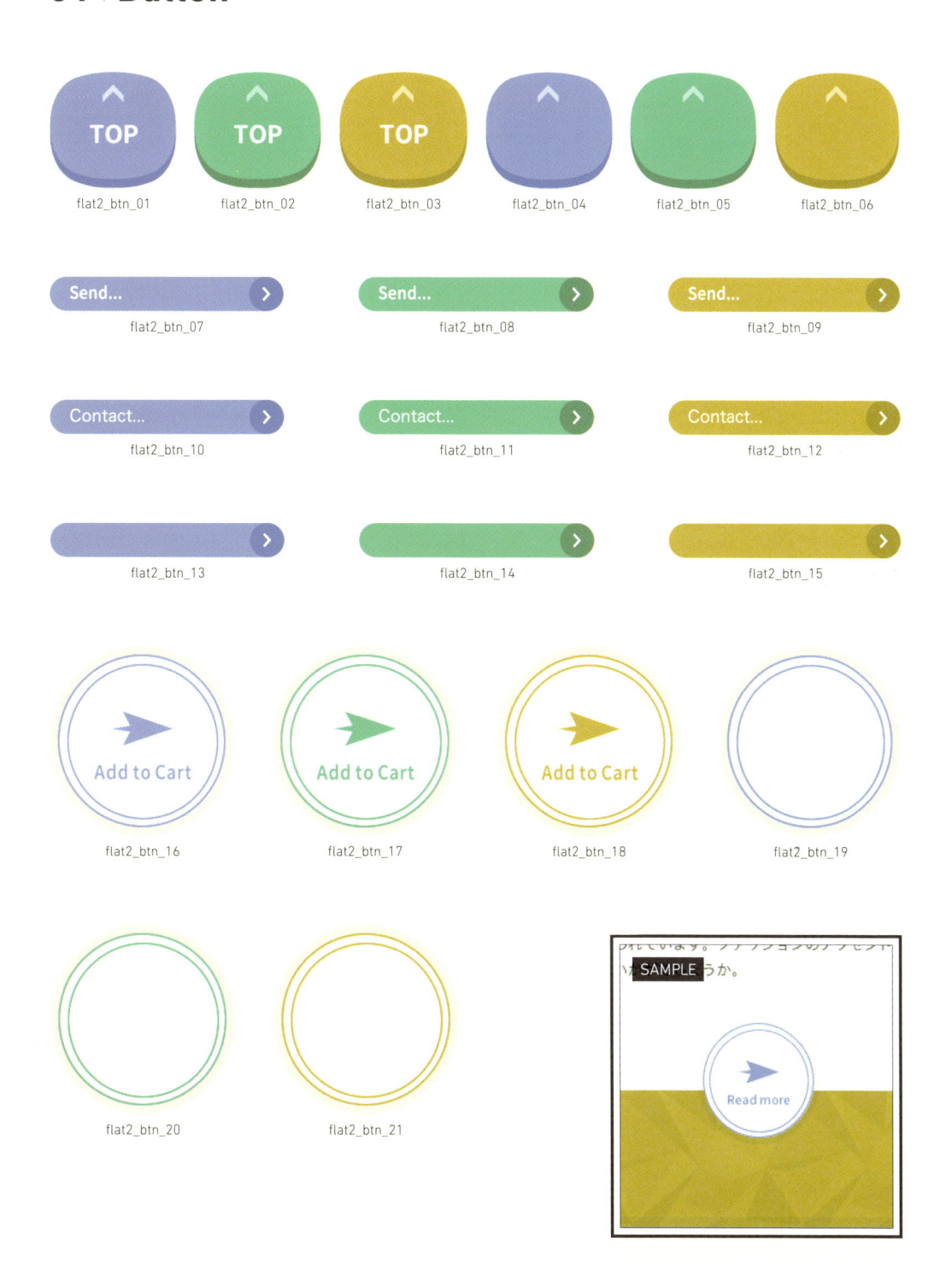

flat2_btn_01 flat2_btn_02 flat2_btn_03 flat2_btn_04 flat2_btn_05 flat2_btn_06

flat2_btn_07 flat2_btn_08 flat2_btn_09

flat2_btn_10 flat2_btn_11 flat2_btn_12

flat2_btn_13 flat2_btn_14 flat2_btn_15

flat2_btn_16 flat2_btn_17 flat2_btn_18 flat2_btn_19

flat2_btn_20 flat2_btn_21

02 | **Headline** 見出し

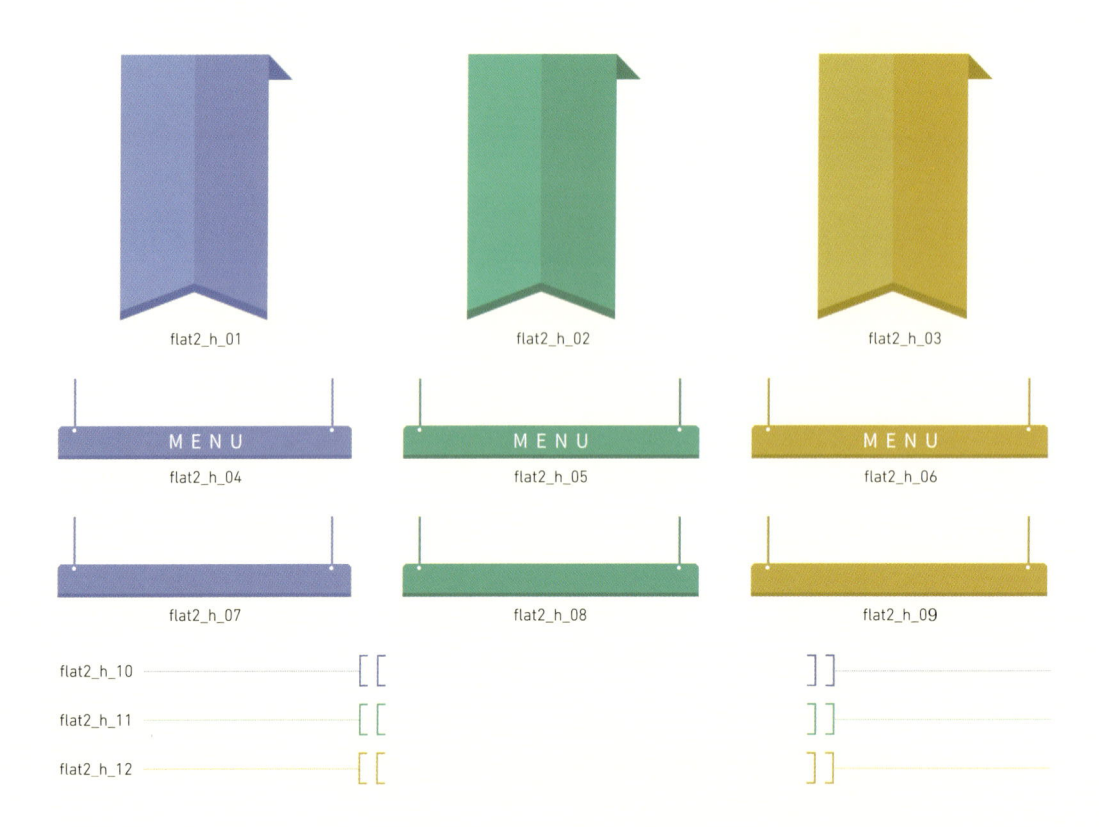

flat2_h_01

flat2_h_02

flat2_h_03

MENU

flat2_h_04

MENU

flat2_h_05

MENU

flat2_h_06

flat2_h_07

flat2_h_08

flat2_h_09

flat2_h_10

flat2_h_11

flat2_h_12

03 | **Frame** フレーム

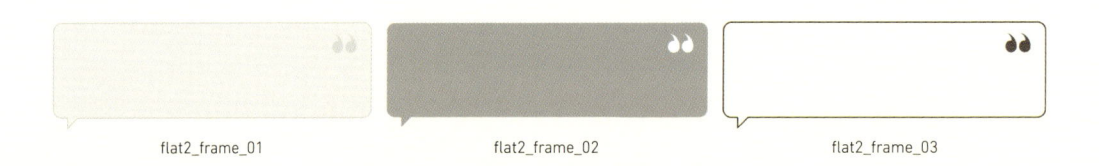

flat2_frame_01

flat2_frame_02

flat2_frame_03

04 | **Line** ライン

flat2_line_01

flat2_line_02

flat2_line_03

05 | Global Navi グローバルナビ

flat2_nav_01　　　　flat2_nav_02　　　　flat2_nav_03

flat2_nav_04　　　　flat2_nav_05　　　　flat2_nav_06

06 | Icon アイコン

flat2_ico_01　flat2_ico_02　flat2_ico_03　flat2_ico_04　flat2_ico_05　flat2_ico_06　flat2_ico_07　flat2_ico_08

07 | Background image 背景

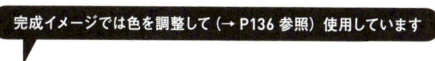
完成イメージでは色を調整して（→ P136 参照）使用しています

flat2_bg_01　　　　flat2_bg_02　　　　flat2_bg_03

flat2_bg_04　　　　flat2_bg_05　　　　flat2_bg_06

Japanesque[1]

▶ 和風_1

Keyword ： 旅館｜金箔｜襖絵｜扇子｜温泉

Font ： ほのか明朝　http://font.gloomy.jp/honoka-mincho-dl.html
　　　　足成　　http://www.ashinari.com/

- CD
  ▼
- ■ Part 1
  ▼
- ■ 03_和風_1

07　イラスト

05　グローバル
　　ナビ

06　アイコン

03　フレーム

08　背景

01　ボタン

01 ｜ **Button** ボタン

ja1_btn_01　　ja1_btn_02　　ja1_btn_03　　ja1_btn_04

ja1_btn_05　　ja1_btn_06　　ja1_btn_07　　ja1_btn_08

ja1_btn_09　　ja1_btn_10　　ja1_btn_11　　ja1_btn_12

ja1_btn_13　　ja1_btn_14　　ja1_btn_15　　ja1_btn_16

ja1_btn_17　　ja1_btn_18　　ja1_btn_19　　ja1_btn_20

ja1_btn_21　　ja1_btn_22　　ja1_btn_23　　ja1_btn_24

ja1_btn_25　　ja1_btn_26　　ja1_btn_27　　ja1_btn_28　　ja1_btn_29　　ja1_btn_30

02 | Headline 見出し

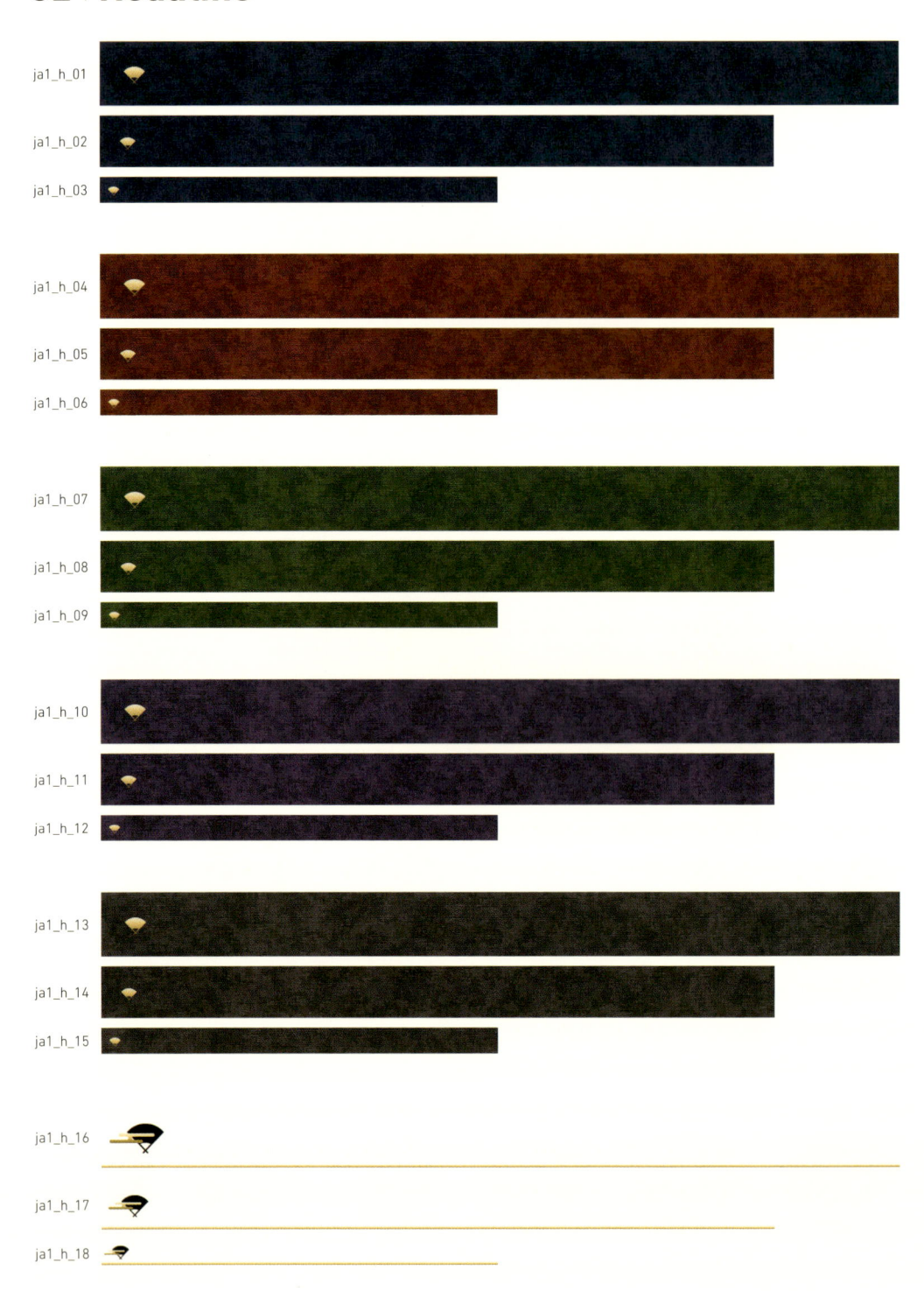

ja1_h_01

ja1_h_02

ja1_h_03

ja1_h_04

ja1_h_05

ja1_h_06

ja1_h_07

ja1_h_08

ja1_h_09

ja1_h_10

ja1_h_11

ja1_h_12

ja1_h_13

ja1_h_14

ja1_h_15

ja1_h_16

ja1_h_17

ja1_h_18

03 | Frame フレーム

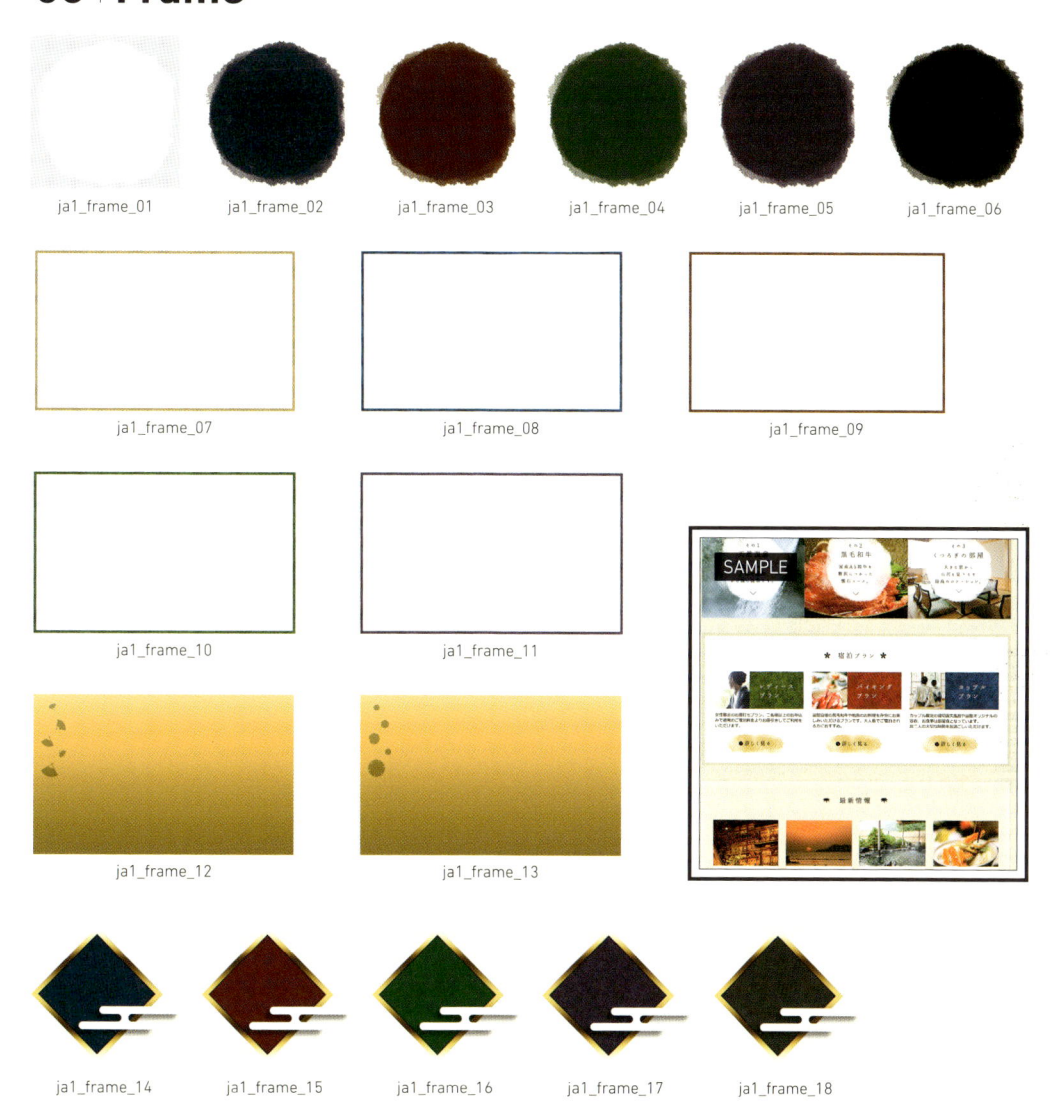

ja1_frame_01

ja1_frame_02

ja1_frame_03

ja1_frame_04

ja1_frame_05

ja1_frame_06

ja1_frame_07

ja1_frame_08

ja1_frame_09

ja1_frame_10

ja1_frame_11

ja1_frame_12

ja1_frame_13

ja1_frame_14

ja1_frame_15

ja1_frame_16

ja1_frame_17

ja1_frame_18

04 | Line ライン

ja1_line_01

ja1_line_02

ja1_line_03

ja1_line_04

ja1_line_05

ja1_line_06

05 | Global Navi グローバルナビ

ja1_nav_01

ja1_nav_02

ja1_nav_03

ja1_nav_04

ja1_nav_05

ja1_nav_06

ja1_nav_07

ja1_nav_08

ja1_nav_09

ja1_nav_10

ja1_nav_11

ja1_nav_12

ja1_nav_13

ja1_nav_14

ja1_nav_15

06 | Icon アイコン

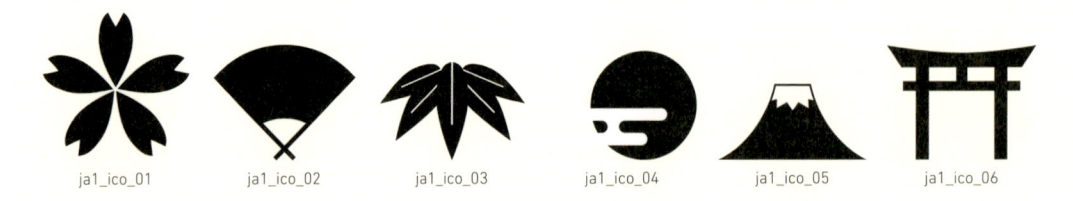

ja1_ico_01

ja1_ico_02

ja1_ico_03

ja1_ico_04

ja1_ico_05

ja1_ico_06

07 | Illust イラスト

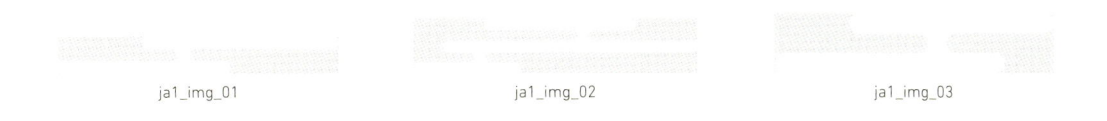

ja1_img_01   ja1_img_02   ja1_img_03

08 | Background image 背景

ja1_bg_01   ja1_bg_02   ja1_bg_03   ja1_bg_04

ja1_bg_05   ja1_bg_06   ja1_bg_07

ja1_bg_08

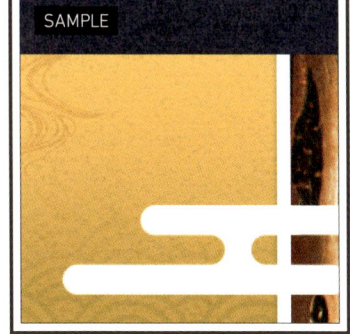

SAMPLE

Japanesque[2]

▶ 和風 _2

Keyword ： お茶｜通販｜お中元｜竹｜桜

Font ： ほのか明朝　　　http://font.gloomy.jp/honoka-mincho-dl.html
梅ゴシック　　　https://osdn.jp/projects/ume-font/wiki/FrontPage

Photo ： ぱくたそ　お茶の木　https://www.pakutaso.com/20140210049post-3841.html
AC　八女の茶畑　http://www.photo-ac.com/main/detail/211188
AC　茶葉　　　http://www.photo-ac.com/main/detail/236558
AC　抹茶　最中　http://www.photo-ac.com/main/detail/125938?title

● CD
▼
■ Part 1
▼
■ 03_ 和風 _2

05　グローバル
　　ナビ

06　アイコン

04　ライン

07　背景

01　ボタン

03　フレーム

01 | **Button** ボタン

ja2_btn_01 ja2_btn_02 ja2_btn_03

お問い合わせ ja2_btn_04
お問い合わせ ja2_btn_05
お問い合わせ ja2_btn_06

ja2_btn_07 ja2_btn_08 ja2_btn_09 ja2_btn_10 ja2_btn_11 ja2_btn_12

ja2_btn_13 ja2_btn_14 ja2_btn_15 ja2_btn_16 ja2_btn_17 ja2_btn_18

02 | **Headline** 見出し

ja2_h_01 ja2_h_02 ja2_h_03 ja2_h_04 ja2_h_05

ja2_h_06 ja2_h_07 ja2_h_08 ja2_h_09

03 | **Frame** フレーム

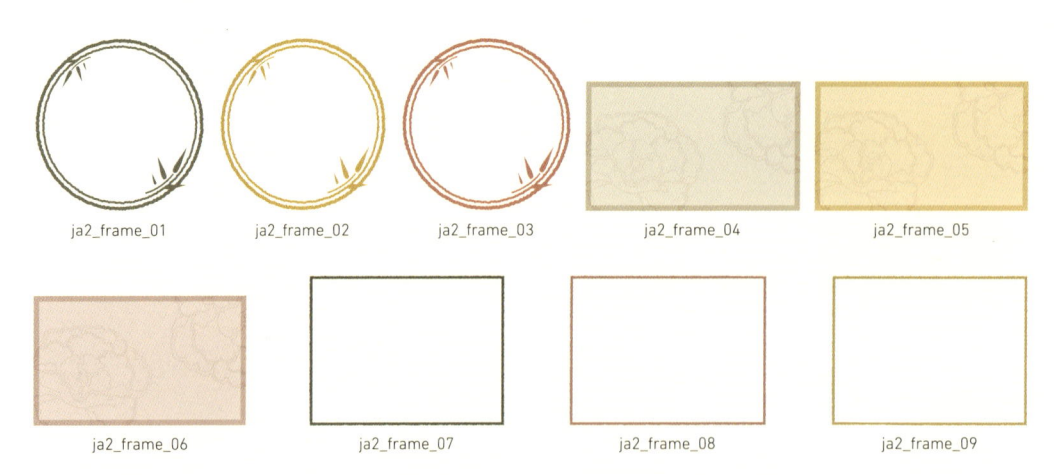

ja2_frame_01 ja2_frame_02 ja2_frame_03 ja2_frame_04 ja2_frame_05

ja2_frame_06 ja2_frame_07 ja2_frame_08 ja2_frame_09

04 | **Line** ライン

ja2_line_01
ja2_line_02
ja2_line_03
ja2_line_04
ja2_line_05
ja2_line_06

05 | **Global Navi** グローバルナビ

ja2_nav_01 ja2_nav_02 ja2_nav_03 ja2_nav_04 ja2_nav_05 ja2_nav_06

ja2_nav_07 ja2_nav_08 ja2_nav_09 ja2_nav_10 ja2_nav_11 ja2_nav_12

06 | Icon アイコン

ja2_ico_01

ja2_ico_02

ja2_ico_03

ja2_ico_04

ja2_ico_05

ja2_ico_06

ja2_ico_07

ja2_ico_08

ja2_ico_09

ja2_ico_10

ja2_ico_11

ja2_ico_12

ja2_ico_13

ja2_ico_14

ja2_ico_15

ja2_ico_16

ja2_ico_17

07 | Background image 背景

ja2_bg_01

ja2_bg_02

ja2_bg_03

ja2_bg_04

ja2_bg_05

ja2_bg_06

ja2_bg_07

ja2_bg_08

ja2_bg_09

Japanesque[3]

▶ 和風_3

Keyword ： 水彩｜手書き｜アナログ｜写真館

Font ： はんなり明朝　http://typingart.net/?p=44

● CD
▼
■ Part 1
▼
■ 03_和風_3

05　グローバル
　　ナビ

02　見出し

08　背景

01　ボタン

03　フレーム

07　イラスト

06　アイコン

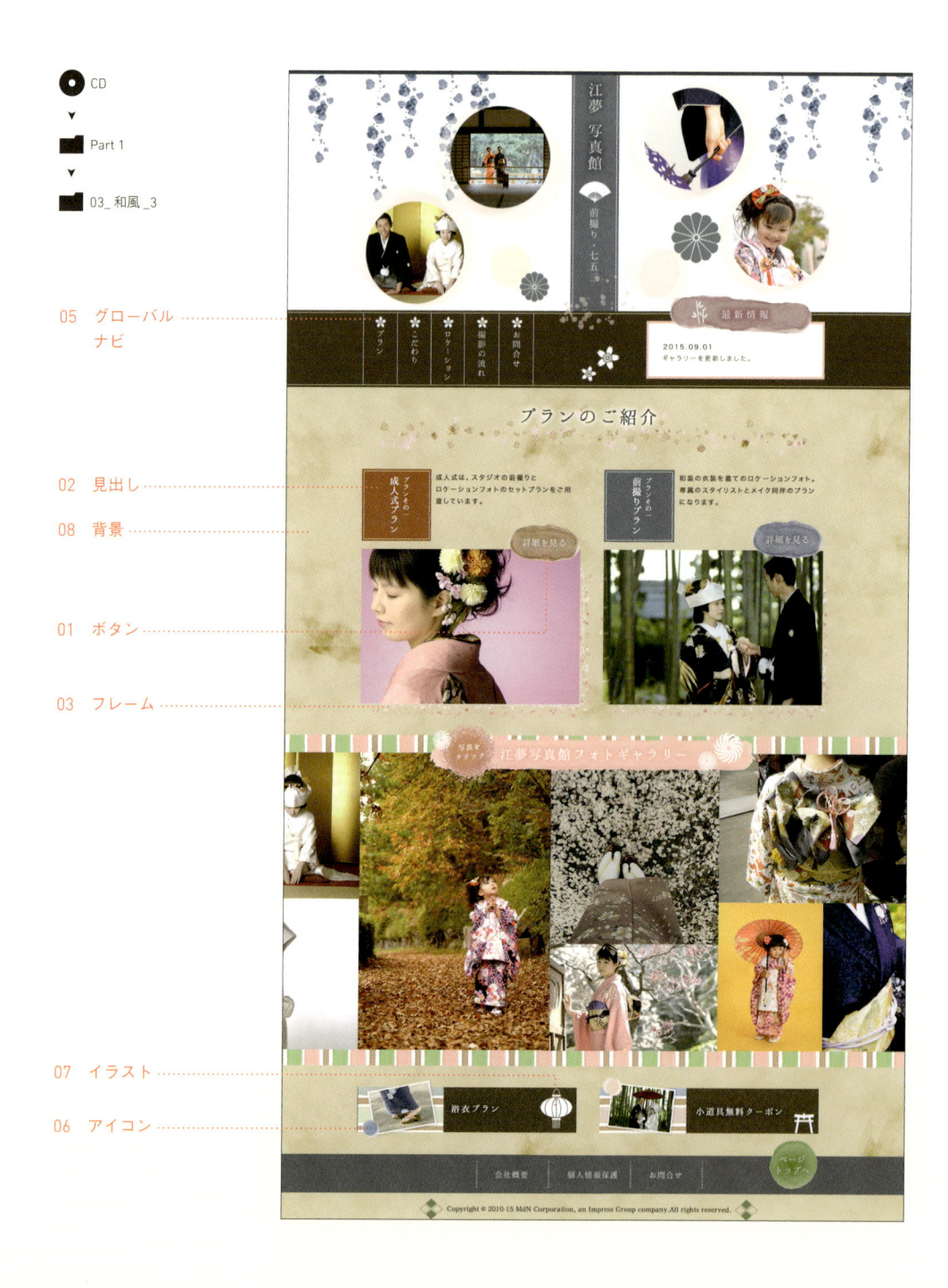

01 | Button ボタン

ja3_btn_01

ja3_btn_02

ja3_btn_03

ja3_btn_04

ja3_btn_05

ja3_btn_06

ja3_btn_07

ja3_btn_08

ja3_btn_09

ja3_btn_10

ja3_btn_11

ja3_btn_12

ja3_btn_13

詳細を見る

ja3_btn_14

詳細を見る

ja3_btn_15

送信する

ja3_btn_16

ページ
トップへ

ja3_btn_17

02 | Headline 見出し

ja3_h_01

ja3_h_02

ja3_h_03

ja3_h_04

ja3_h_05

ja3_h_06

ja3_h_07

ja3_h_08

ja3_h_09

ja3_h_10

ja3_h_11

ja3_h_12

ja3_h_13

ja3_h_14

ja3_h_15

ja3_h_16

ja3_h_17

ja3_h_18

03 │ Frame フレーム

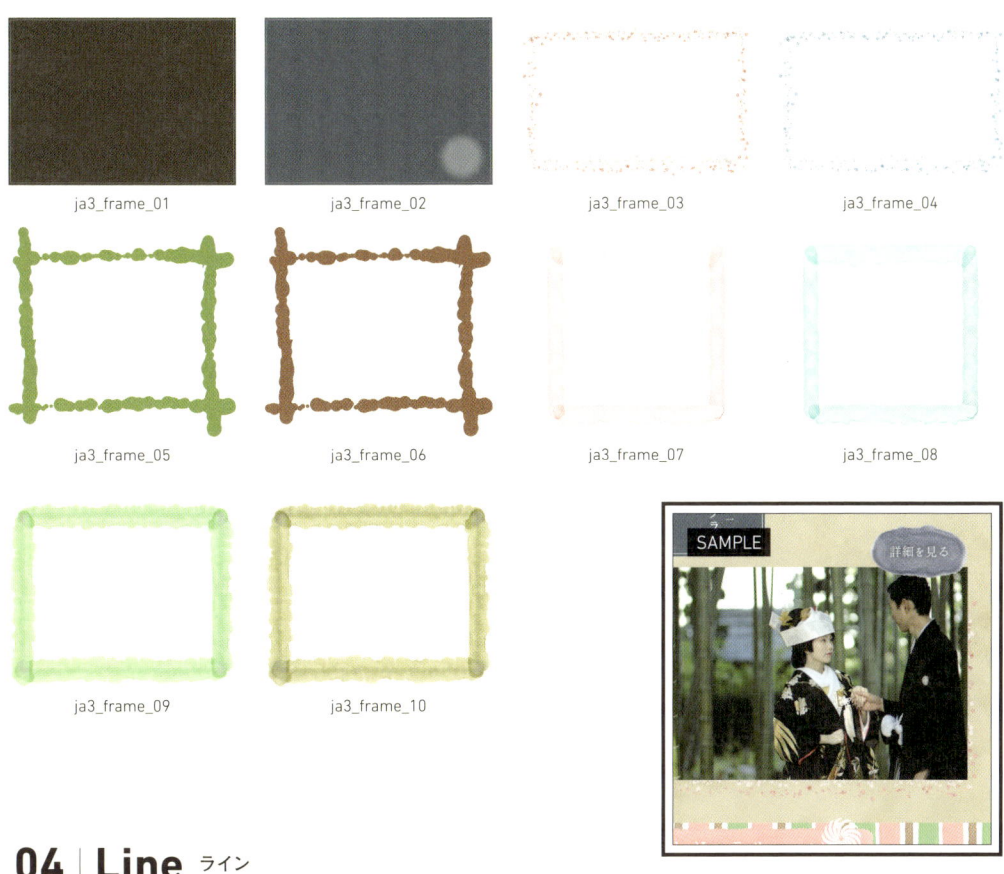

ja3_frame_01　　　ja3_frame_02　　　ja3_frame_03　　　ja3_frame_04

ja3_frame_05　　　ja3_frame_06　　　ja3_frame_07　　　ja3_frame_08

ja3_frame_09　　　ja3_frame_10

04 │ Line ライン

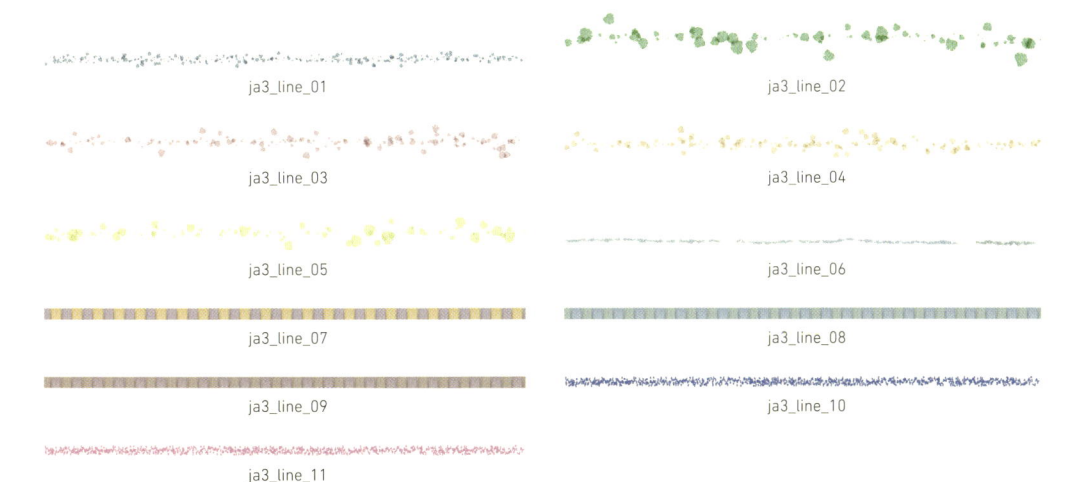

ja3_line_01　　　　　　　　　　　ja3_line_02

ja3_line_03　　　　　　　　　　　ja3_line_04

ja3_line_05　　　　　　　　　　　ja3_line_06

ja3_line_07　　　　　　　　　　　ja3_line_08

ja3_line_09　　　　　　　　　　　ja3_line_10

ja3_line_11

05 | Global Navi グローバルナビ

ja3_nav_01　ja3_nav_02　ja3_nav_03　ja3_nav_04　ja3_nav_05　ja3_nav_06

ja3_nav_07　ja3_nav_08　ja3_nav_09　ja3_nav_10

縦線が二重になる箇所では、右側または左側を
トリミングして（→ P134 参照）ご利用ください

ja3_nav_11　ja3_nav_12　ja3_nav_13　ja3_nav_14

ja3_nav_15　ja3_nav_16　ja3_nav_17

06 | Icon アイコン

水彩の素材は背景を明るい色にすると合わせやすくなります

ja3_ico_01　ja3_ico_02　ja3_ico_03

07 | Illust イラスト

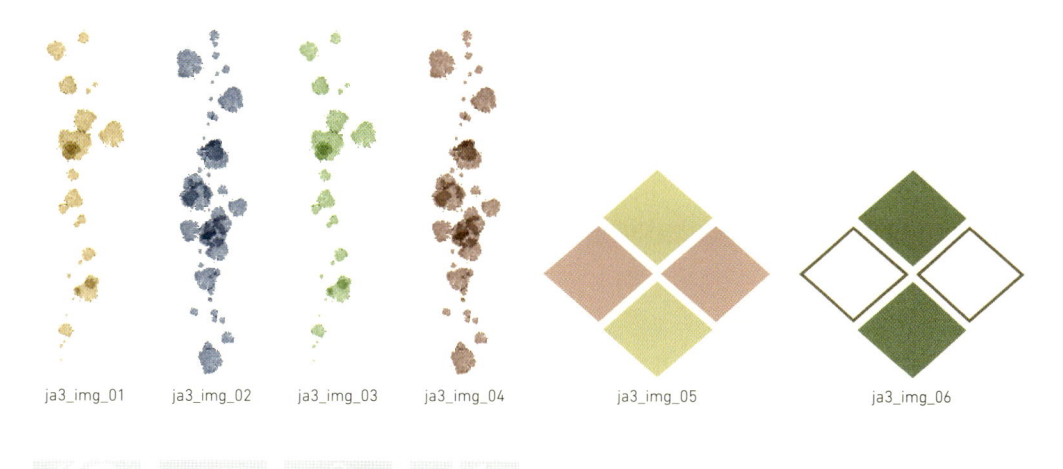

ja3_img_01 ja3_img_02 ja3_img_03 ja3_img_04 ja3_img_05 ja3_img_06

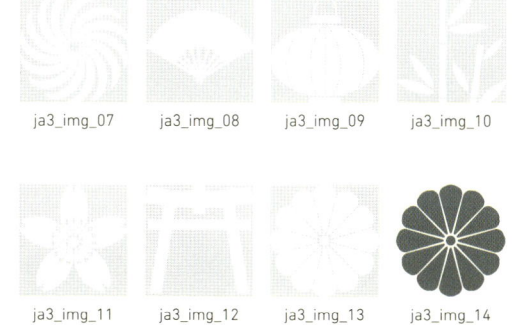

ja3_img_07 ja3_img_08 ja3_img_09 ja3_img_10

ja3_img_11 ja3_img_12 ja3_img_13 ja3_img_14

SAMPLE

08 | Background image 背景

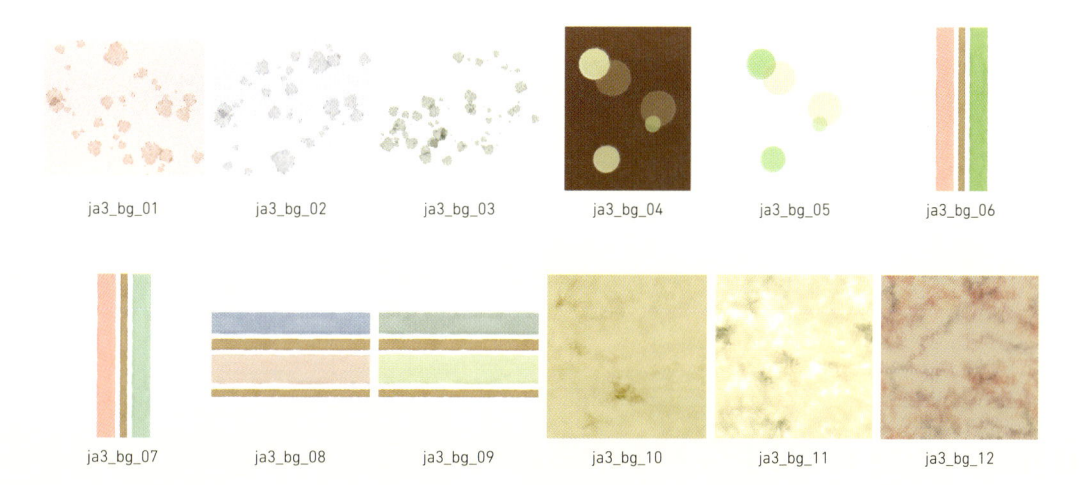

ja3_bg_01 ja3_bg_02 ja3_bg_03 ja3_bg_04 ja3_bg_05 ja3_bg_06

ja3_bg_07 ja3_bg_08 ja3_bg_09 ja3_bg_10 ja3_bg_11 ja3_bg_12

Luxury[1]

▶ 高級感 _1

Keyword ： ゴールド｜チョコレート｜キラキラ｜スイーツ｜暖かい

Font ： はんなり明朝　　http://typingart.net/?p=44
　　　　ほのか明朝　　http://font.gloomy.jp/honoka-mincho-dl.html

Photo ： https://www.pakutaso.com/20130245032post-2387.html
　　　　https://www.pakutaso.com/20130122030post-2369.html
　　　　https://www.pakutaso.com/20130144030post-2373.html

● CD
▼
■ Part 1
▼
■ 04_ 高級感 _1

04　グローバル
　　ナビ

05　アイコン

01　ボタン

02　見出し

03　フレーム

06　背景

01 | **Button** ボタン

lux1_btn_01

lux1_btn_02

lux1_btn_03

lux1_btn_04

lux1_btn_05

lux1_btn_06

lux1_btn_07

lux1_btn_08

lux1_btn_09

lux1_btn_10

lux1_btn_11

lux1_btn_12

lux1_btn_13

lux1_btn_14

lux1_btn_15

lux1_btn_16

lux1_btn_17

lux1_btn_18

lux1_btn_19

lux1_btn_20

lux1_btn_21

lux1_btn_22

lux1_btn_23

lux1_btn_24

lux1_btn_25

lux1_btn_26

lux1_btn_27

02 | Headline 見出し

lux1_h_01

lux1_h_02

lux1_h_03

lux1_h_04

lux1_h_05

lux1_h_06

SAMPLE
NEWS

20XX.01.0
当ホームへ
このたび、

03 | Frame フレーム

lux1_frame_01

lux1_frame_02

lux1_frame_03

lux1_frame_04

lux1_frame_05

lux1_frame_06

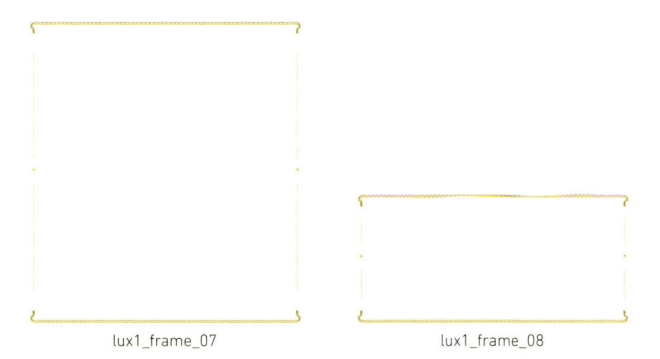

lux1_frame_07

lux1_frame_08

SAMPLE

ABOUT US

わたしたちは、一人でも多くの人にわたしのたちの作ったスイーツを味わって食べてもらい、幸せな気持ちになっていただきたいと考えております。

Mail

04 | Global Navi グローバルナビ

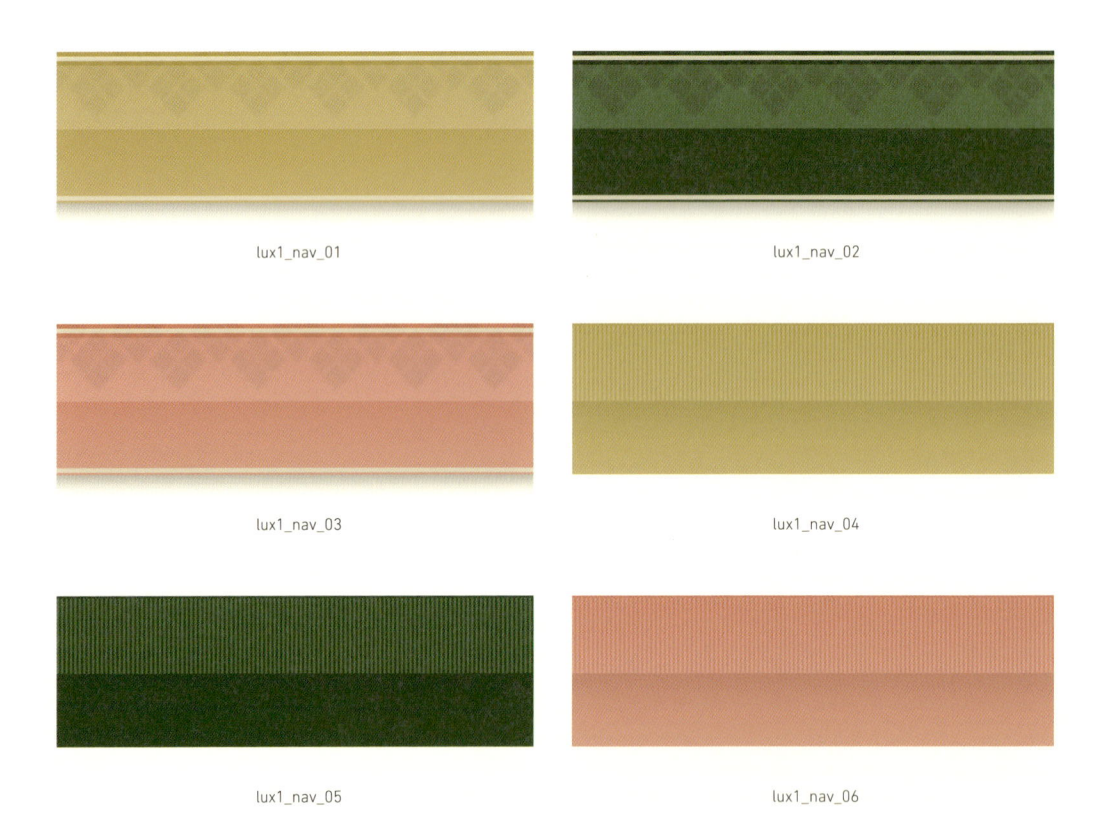

lux1_nav_01

lux1_nav_02

lux1_nav_03

lux1_nav_04

lux1_nav_05

lux1_nav_06

05 | Icon アイコン

lux1_ico_01

lux1_ico_02

lux1_ico_03

lux1_ico_04

lux1_ico_05

lux1_ico_06

SAMPLE

06 | Background image 背景

lux1_bg_01

lux1_bg_02

lux1_bg_03

lux1_bg_04

Luxury²

▶ 高級感 _2

Keyword ： ゴールド｜ブラック｜ローズ｜オリエンタル

Font ： IPAex ゴシック　　http://ipafont.ipa.go.jp/ipafont/download.html
　　　　はんなり明朝　　　http://typingart.net/?p=44
　　　　Arial　　　　　　 http://www.fonts.com/ja/font/monotype/arial

Photo ： https://www.pakutaso.com/20131251350post-3603.html
　　　　https://www.pakutaso.com/20130406108post-2650.html
　　　　http://www.photo-ac.com/main/detail/121100、115196、145682

CD

▼

Part 1

▼

04_ 高級感 _2

04　ライン

05　グローバル
　　ナビ

03　フレーム

02　見出し

07　背景

01　ボタン

06　アイコン

01 | Button ボタン

lux2_btn_01

lux2_btn_02

lux2_btn_03

詳細を見る
lux2_btn_04

lux2_btn_05

詳細を見る
lux2_btn_06

lux2_btn_07

詳細を見る
lux2_btn_08

lux2_btn_09

詳細を見る
lux2_btn_10

lux2_btn_11

lux2_btn_12

商品一覧を見る
lux2_btn_13

お問い合わせはこちら
lux2_btn_14

送信する
lux2_btn_15

lux2_btn_16

lux2_btn_17

商品一覧を見る
lux2_btn_18

お問い合わせはこちら
lux2_btn_19

送信する
lux2_btn_20

lux2_btn_21

lux2_btn_22

商品一覧を見る
lux2_btn_23

お問い合わせはこちら
lux2_btn_24

送信する
lux2_btn_25

PAGE TOP
lux2_btn_26

lux2_btn_27

PAGE TOP
lux2_btn_28

lux2_btn_29

PAGE TOP
lux2_btn_30

lux2_btn_31

02 | Headline 見出し

lux2_h_01

lux2_h_02

lux2_h_03

lux2_h_04

lux2_h_05

lux2_h_06

lux2_h_07

lux2_h_08

lux2_h_09

lux2_h_10

lux2_h_11

lux2_h_12

lux2_h_13

lux2_h_14

lux2_h_15

lux2_h_16

lux2_h_17

03 | **Frame** フレーム

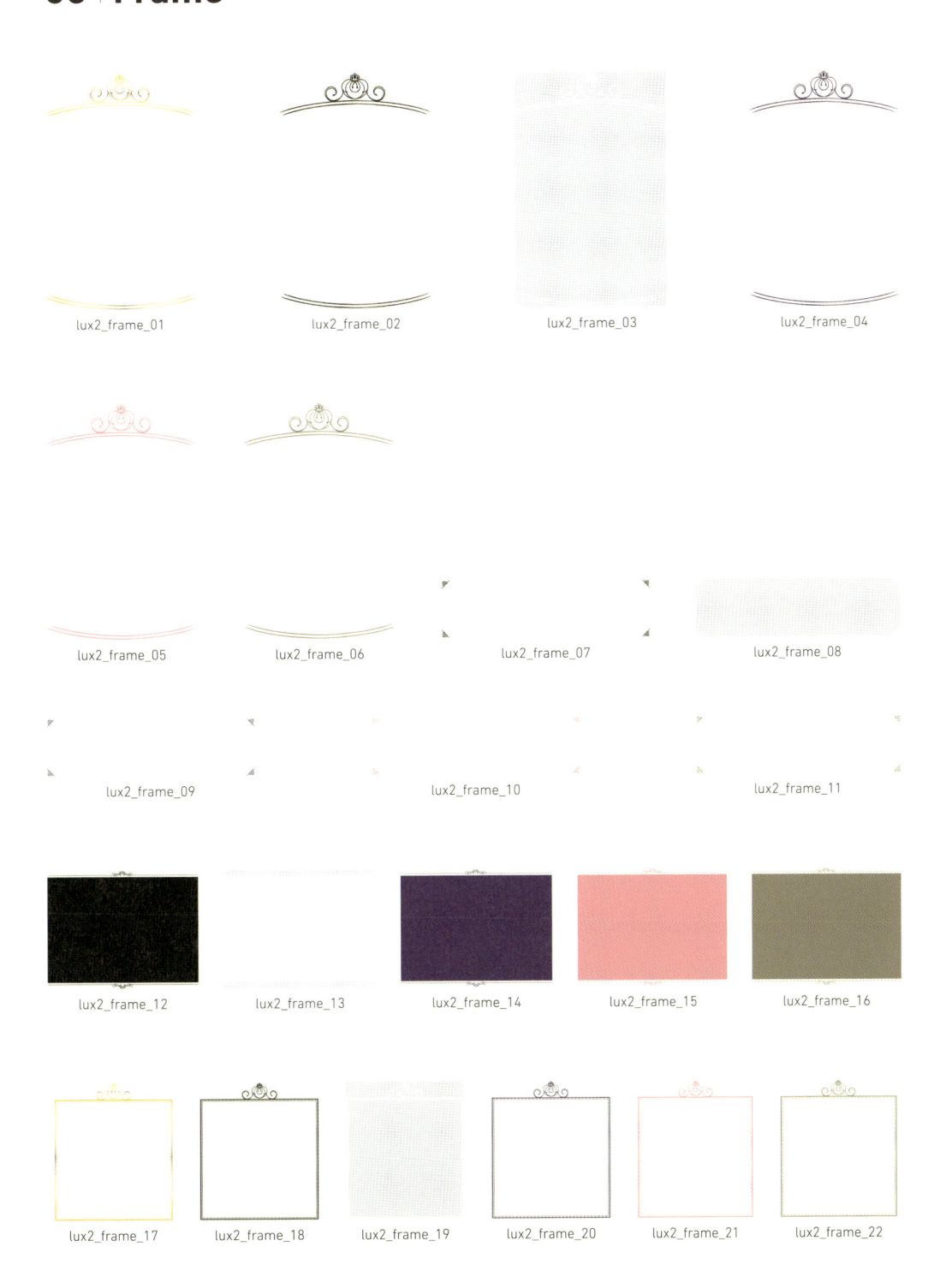

lux2_frame_01   lux2_frame_02   lux2_frame_03   lux2_frame_04

lux2_frame_05   lux2_frame_06   lux2_frame_07   lux2_frame_08

lux2_frame_09   lux2_frame_10   lux2_frame_11

lux2_frame_12   lux2_frame_13   lux2_frame_14   lux2_frame_15   lux2_frame_16

lux2_frame_17   lux2_frame_18   lux2_frame_19   lux2_frame_20   lux2_frame_21   lux2_frame_22

04 | Line ライン

lux2_line_01	lux2_line_02
lux2_line_03	lux2_line_04
lux2_line_05	lux2_line_06
lux2_line_07	lux2_line_08
lux2_line_09	lux2_line_10
lux2_line_11	lux2_line_12
lux2_line_13	lux2_line_14
lux2_line_15	lux2_line_16
lux2_line_17	

05 | Global Navi グローバルナビ

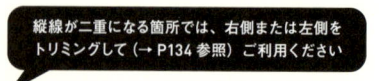

縦線が二重になる箇所では、右側または左側を
トリミングして（→ P134 参照）ご利用ください

lux2_nav_01	lux2_nav_02	lux2_nav_03	lux2_nav_04
lux2_nav_05	lux2_nav_06	lux2_nav_07	lux2_nav_08
lux2_nav_09	lux2_nav_10	lux2_nav_11	lux2_nav_12
lux2_nav_13	lux2_nav_14		

06 | Icon アイコン

 lux2_ico_01
 lux2_ico_02
 lux2_ico_03
 lux2_ico_04
 lux2_ico_05
 lux2_ico_06
 lux2_ico_07

 lux2_ico_08
 lux2_ico_09
 lux2_ico_10
 lux2_ico_11
 lux2_ico_12
 lux2_ico_13
 lux2_ico_14

 lux2_ico_15
 lux2_ico_16
lux2_ico_17
 lux2_ico_18
 lux2_ico_19
 lux2_ico_20
 lux2_ico_21

 lux2_ico_22
 lux2_ico_23
 lux2_ico_24
 lux2_ico_25
 lux2_ico_26
lux2_ico_27
 lux2_ico_28

 lux2_ico_29
 lux2_ico_30
 lux2_ico_31
 lux2_ico_32
 lux2_ico_33
lux2_ico_34
 lux2_ico_35

 lux2_ico_36
 lux2_ico_37
 lux2_ico_38
 lux2_ico_39
 lux2_ico_40
lux2_ico_41

07 | Background image 背景

 lux2_bg_01
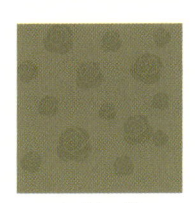 lux2_bg_02
 lux2_bg_03

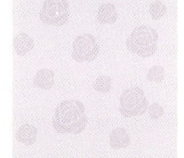 lux2_bg_04
 lux2_bg_05

Luxury³

▶ 高級感 _3

Keyword ： ビンテージ｜アナログ｜アンティーク｜雑貨

Font ： Carnivalee Freakshow font
http://www.fontspace.com/livin-hell/carnivalee-freakshow
花園明朝
http://fonts.jp/hanazono/

● CD
▼
■ Part 1
▼
■ 04_ 高級感 _3

02 見出し
05 グローバル
ナビ
01 ボタン
06 アイコン
03 フレーム
04 ライン
07 イラスト
09 背景
08 写真

01 │ **Button** ボタン

lux3_btn_01

lux3_btn_02

lux3_btn_03

lux3_btn_04

lux3_btn_05

lux3_btn_06

lux3_btn_07

lux3_btn_08

lux3_btn_09

lux3_btn_10

lux3_btn_11

lux3_btn_12

lux3_btn_13

lux3_btn_14

lux3_btn_15

lux3_btn_16

lux3_btn_17

lux3_btn_18

lux3_btn_19

lux2_btn_20

lux2_btn_21

lux2_btn_22

lux2_btn_23

lux2_btn_24

lux2_btn_25

lux2_btn_26

02 | Headline 見出し

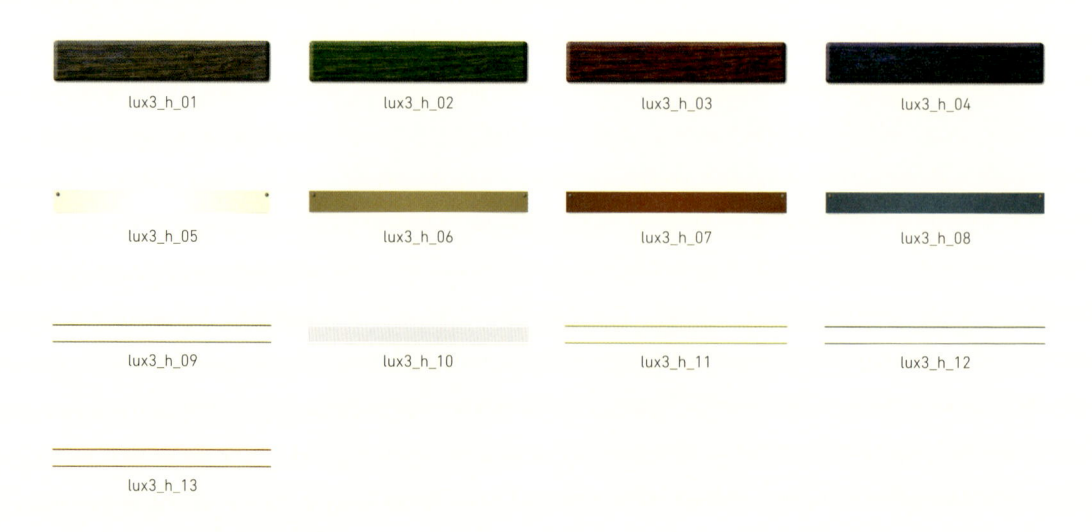

lux3_h_01

lux3_h_02

lux3_h_03

lux3_h_04

lux3_h_05

lux3_h_06

lux3_h_07

lux3_h_08

lux3_h_09

lux3_h_10

lux3_h_11

lux3_h_12

lux3_h_13

03 | Frame フレーム

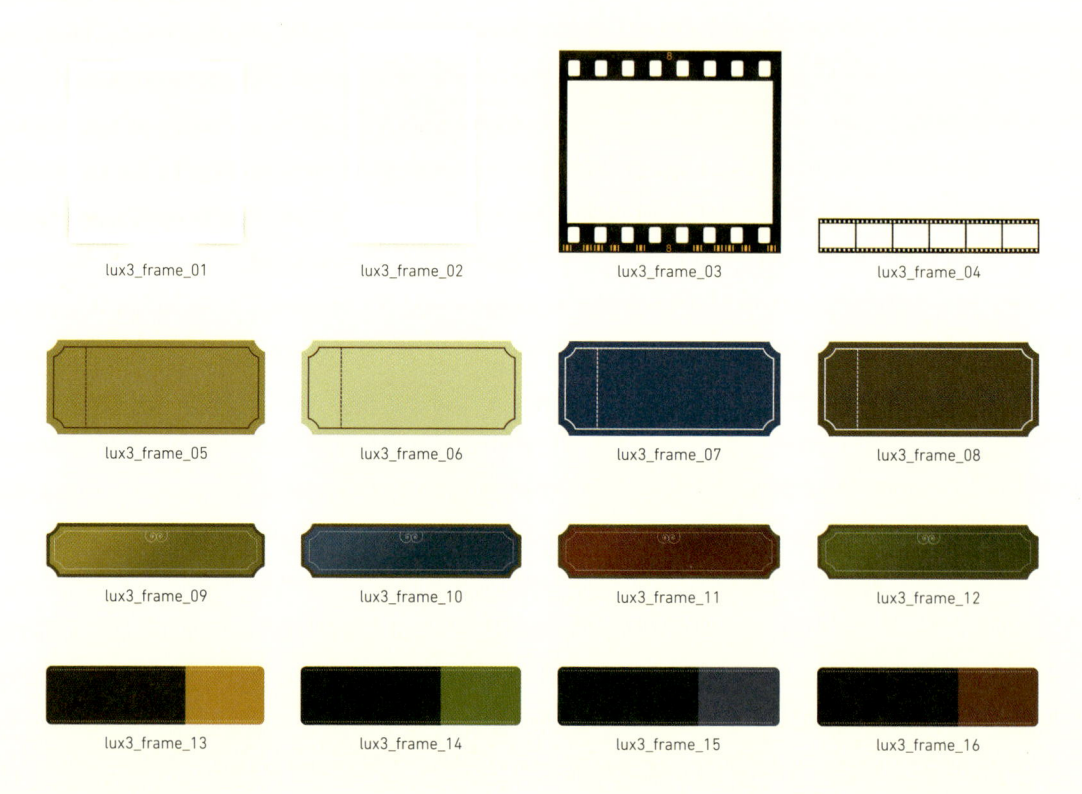

lux3_frame_01

lux3_frame_02

lux3_frame_03

lux3_frame_04

lux3_frame_05

lux3_frame_06

lux3_frame_07

lux3_frame_08

lux3_frame_09

lux3_frame_10

lux3_frame_11

lux3_frame_12

lux3_frame_13

lux3_frame_14

lux3_frame_15

lux3_frame_16

04 | **Line** ライン

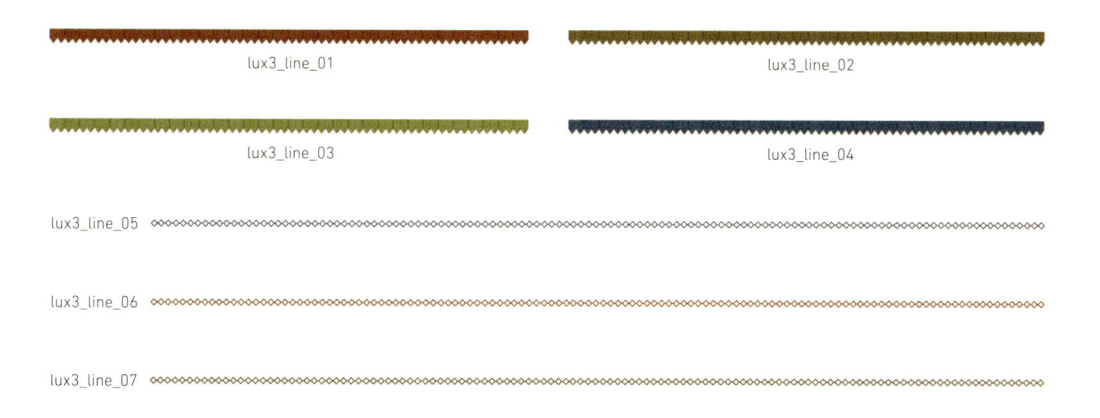

lux3_line_01

lux3_line_02

lux3_line_03

lux3_line_04

lux3_line_05

lux3_line_06

lux3_line_07

05 | **Global Navi** グローバルナビ

縦線が二重になる箇所では、右側または左側を
トリミングして（→ P134 参照）ご利用ください

lux3_nav_01   lux3_nav_02   lux3_nav_03   lux3_nav_04   lux3_nav_05

lux3_nav_06   lux3_nav_07   lux3_nav_08   lux3_nav_09   lux3_nav_10

lux3_nav_11   lux3_nav_12   lux3_nav_13   lux3_nav_14   lux3_nav_15

lux3_nav_16   lux3_nav_17   lux3_nav_18   lux3_nav_19   lux3_nav_20

lux3_nav_21   lux3_nav_22   lux3_nav_23   lux3_nav_24   lux3_nav_25   lux3_nav_26

06 | Icon アイコン

lux3_ico_01　　lux3_ico_02　　lux3_ico_03　　lux3_ico_04　　lux3_ico_05　　lux3_ico_06　　lux3_ico_07

07 | Illust イラスト

lux3_img_01　　lux3_img_02　　lux3_img_03　　lux3_img_04　　lux3_img_05　　lux3_img_06　　lux3_img_07

08 | Photo 写真

lux3_photo_01　　lux3_photo_02　　lux3_photo_03　　lux3_photo_04　　lux3_photo_05

lux3_photo_06　　lux3_photo_07　　lux3_photo_08　　lux3_photo_09　　lux3_photo_10

lux3_photo_11　　lux3_photo_12　　lux3_photo_13　　lux3_photo_14

09 | Background image　背景

lux3_bg_01　　　　lux3_bg_02　　　　　lux3_bg_03

lux3_bg_04　　　　　lux3_bg_05　　　　lux3_bg_06

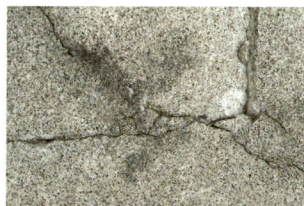

lux3_bg_07　　　lux3_bg_08　　　　lux3_bg_09　　　　　lux3_bg_10

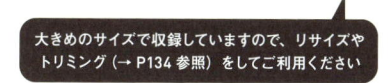

大きめのサイズで収録していますので、リサイズや
トリミング（→ P134 参照）をしてご利用ください

Pop¹
▶ ポップ_1

Keyword ： カラフル｜水彩｜楽しい｜明るい｜イラスト

Font ： IPA ゴシック　　　　　　 http://ipafont.ipa.go.jp/ipafont/download.html
　　　　 Garoa Hacker Clube　 http://www.dafont.com/garoa-hacker-clube.font

Photo ： http://www.pexels.com/photo/colorful-books-on-shelf-5710/
　　　　 http://www.pexels.com/photo/bucket-of-multi-colored-chalk-6257/

● CD
▼
■ Part 1
▼
■ 05_ポップ_1

07 イラスト

05 グローバル
　　ナビ

03 フレーム

06 アイコン

01 ボタン

04 ライン

02 見出し

09 背景

08 アルファベット
　　アイコン

01 | Button ボタン

pop1_btn_01

pop1_btn_02

pop1_btn_03

pop1_btn_04

pop1_btn_05

pop1_btn_06

pop1_btn_07

pop1_btn_08

pop1_btn_09

pop1_btn_10

pop1_btn_11

pop1_btn_12

pop1_btn_13

pop1_btn_14

pop1_btn_15

pop1_btn_16

02 | Headline 見出し

pop1_h_01

pop1_h_02

pop1_h_03

pop1_h_04

03 | **Frame** フレーム

pop1_frame_01

pop1_frame_02

pop1_frame_03

pop1_frame_04

pop1_frame_05

pop1_frame_06

pop1_frame_07

pop1_frame_08

pop1_frame_09

pop1_frame_10

pop1_frame_11

pop1_frame_12

pop1_frame_13

04 | **Line** ライン

pop1_line_01

pop1_line_02

05 | Global Navi グローバルナビ

pop1_nav_01   pop1_nav_02   pop1_nav_03

pop1_nav_04   pop1_nav_05   pop1_nav_06

pop1_nav_07   pop1_nav_08   pop1_nav_09

06 | Icon アイコン

pop1_ico_01   pop1_ico_02   pop1_ico_03   pop1_ico_04   pop1_ico_05

pop1_ico_06   pop1_ico_07   pop1_ico_08   pop1_ico_09   pop1_ico_10

pop1_ico_11   pop1_ico_12   pop1_ico_13   pop1_ico_14   pop1_ico_15

pop1_ico_16   pop1_ico_17   pop1_ico_18   pop1_ico_19   pop1_ico_20

07 | Illust イラスト

pop1_img_01

pop1_img_02

08 | Alphabet Icon アルファベットアイコン

pop1_ico_a
pop1_ico_b
pop1_ico_c
pop1_ico_d
pop1_ico_e
pop1_ico_f
pop1_ico_g

pop1_ico_h
pop1_ico_i
pop1_ico_j
pop1_ico_k
pop1_ico_l
pop1_ico_m
pop1_ico_n

pop1_ico_o
pop1_ico_p
pop1_ico_q
pop1_ico_r
pop1_ico_s
pop1_ico_t
pop1_ico_u

pop1_ico_v
pop1_ico_w
pop1_ico_x

pop1_ico_y
pop1_ico_z

完成イメージでは色を調整して（→ P136 参照）
使用しています

SAMPLE

NFORMAT

5.10.20

09 | **Background image** 背景

pop1_bg_01

pop1_bg_02

pop1_bg_03

pop1_bg_04

pop1_bg_05

pop1_bg_06

Pop²

ポップ_2

Keyword ： カラフル ｜ ドット ｜ イラスト ｜ 若者向け

Font ： IPA ゴシック　http://ipafont.ipa.go.jp/ipafont/download.html

Photo ： http://www.pexels.com/photo/girl-woman-model-fashion-6623/
http://www.pexels.com/photo/man-office-writing-workspace-7077/
http://www.pexels.com/photo/art-girl-happy-smiling-6854/

CD

▼

Part 1

▼

05_ ポップ _2

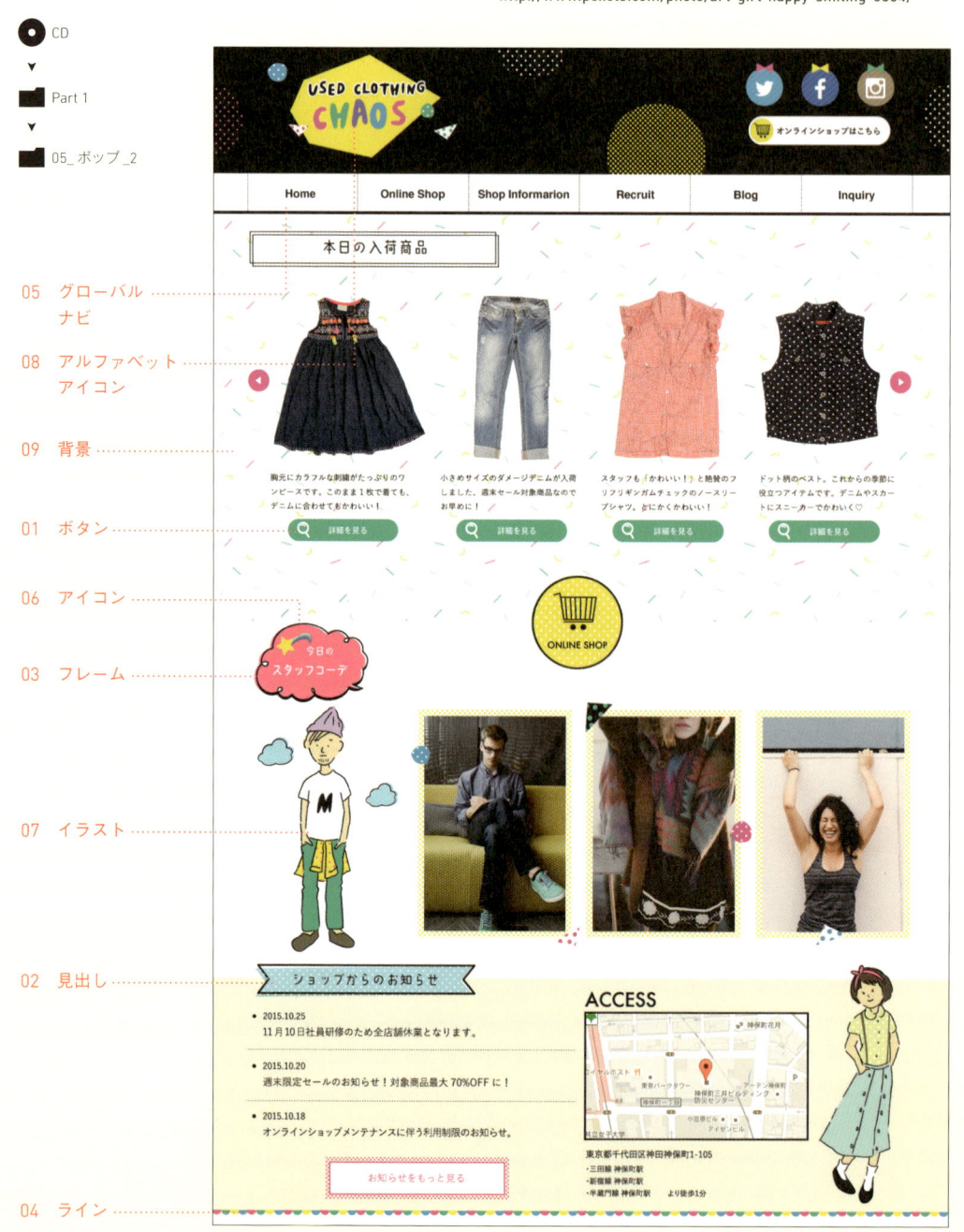

05　グローバル
　　ナビ

08　アルファベット
　　アイコン

09　背景

01　ボタン

06　アイコン

03　フレーム

07　イラスト

02　見出し

04　ライン

01 | **Button** ボタン

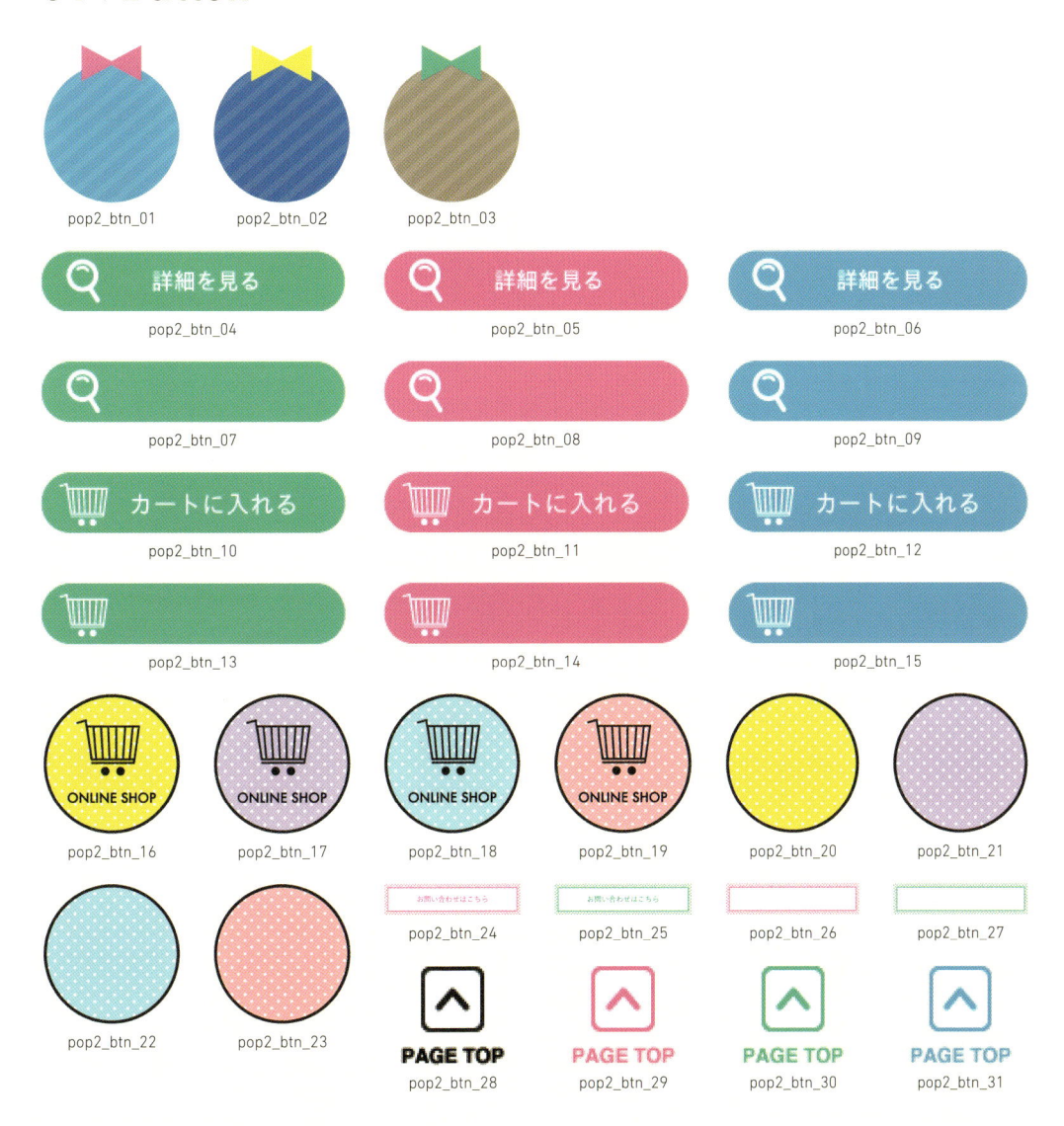

pop2_btn_01　pop2_btn_02　pop2_btn_03

詳細を見る　pop2_btn_04
詳細を見る　pop2_btn_05
詳細を見る　pop2_btn_06

pop2_btn_07
pop2_btn_08
pop2_btn_09

カートに入れる　pop2_btn_10
カートに入れる　pop2_btn_11
カートに入れる　pop2_btn_12

pop2_btn_13
pop2_btn_14
pop2_btn_15

ONLINE SHOP pop2_btn_16　ONLINE SHOP pop2_btn_17　ONLINE SHOP pop2_btn_18　ONLINE SHOP pop2_btn_19　pop2_btn_20　pop2_btn_21

pop2_btn_22　pop2_btn_23

お問い合わせはこちら pop2_btn_24　お問い合わせはこちら pop2_btn_25　pop2_btn_26　pop2_btn_27

PAGE TOP pop2_btn_28　PAGE TOP pop2_btn_29　PAGE TOP pop2_btn_30　PAGE TOP pop2_btn_31

02 | **Headline** 見出し

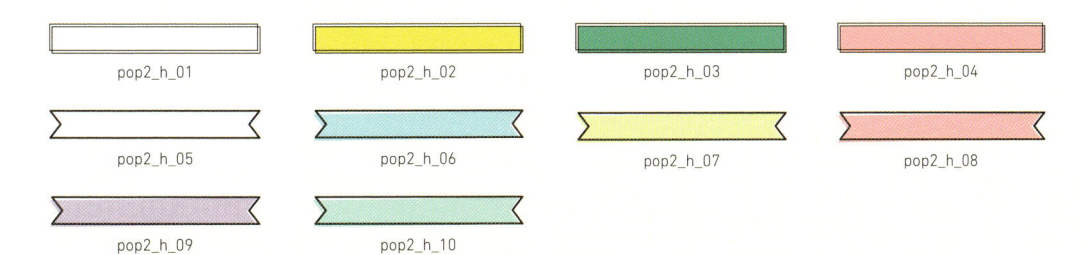

pop2_h_01　pop2_h_02　pop2_h_03　pop2_h_04

pop2_h_05　pop2_h_06　pop2_h_07　pop2_h_08

pop2_h_09　pop2_h_10

03 | **Frame** フレーム

pop2_frame_01

pop2_frame_02

pop2_frame_03

pop2_frame_04

pop2_frame_05

pop2_frame_06

pop2_frame_07

pop2_frame_08

pop2_frame_09

pop2_frame_10

pop2_frame_11

pop2_frame_12

pop2_frame_13

pop2_frame_14

pop2_frame_15

pop2_frame_16

04 | **Line** ライン

pop2_line_01

pop2_line_02

05 | **Global Navi** グローバルナビ

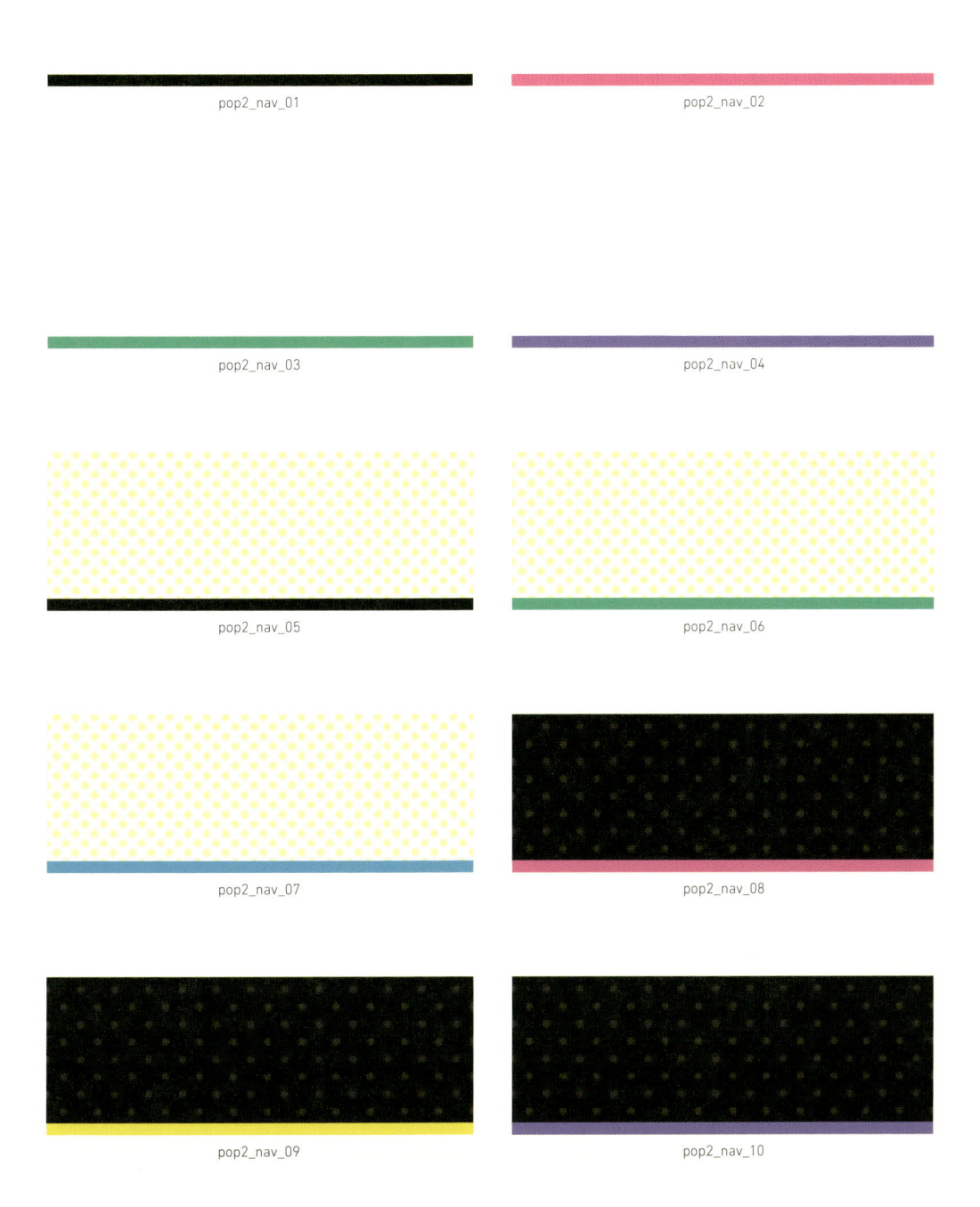

pop2_nav_01

pop2_nav_02

pop2_nav_03

pop2_nav_04

pop2_nav_05

pop2_nav_06

pop2_nav_07

pop2_nav_08

pop2_nav_09

pop2_nav_10

06 | Icon アイコン

| pop2_ico_01 | pop2_ico_02 | pop2_ico_03 | pop2_ico_04 | pop2_ico_05 | pop2_ico_06 |

| pop2_ico_07 | pop2_ico_08 | pop2_ico_09 | pop2_ico_10 | pop2_ico_11 | pop2_ico_12 |

| pop2_ico_13 | pop2_ico_14 | pop2_ico_15 | pop2_ico_16 | pop2_ico_17 | pop2_ico_18 |

| pop2_ico_19 | pop2_ico_20 | pop2_ico_21 |

07 | Illust イラスト

pop2_img_01 pop2_img_02

SAMPLE

08 ｜ **Alphabet Icon** アルファベットアイコン

pop2_ico_a	pop2_ico_b	pop2_ico_c	pop2_ico_d	pop2_ico_e	pop2_ico_f	pop2_ico_g
pop2_ico_h	pop2_ico_i	pop2_ico_j	pop2_ico_k	pop2_ico_l	pop2_ico_m	pop2_ico_n
pop2_ico_o	pop2_ico_p	pop2_ico_q	pop2_ico_r	pop2_ico_s	pop2_ico_t	pop2_ico_u
pop2_ico_v	pop2_ico_w	pop2_ico_x	pop2_ico_y	pop2_ico_z		

完成イメージでは色を調整して（→ P136 参照）
使用しています

09 ｜ **Background image** 背景

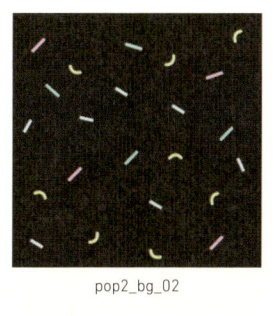

pop2_bg_04

pop2_bg_05

pop2_bg_01

pop2_bg_02

pop2_bg_03

pop2_bg_06

Pop³

▶ ポップ_3

Keyword ： 動物｜元気｜カラフル｜イラスト

Font ： 自家製 Rounded M+　　http://jikasei.me/font/rounded-mplus/

● CD
▼
■ Part 1
▼
■ 05_ポップ_3

05　グローバル ……
　　 ナビ

04　ライン ………

07　イラスト ………

01　ボタン ………

02　見出し ………

06　アイコン ………
03　フレーム ………

08　写真 ………

09　背景 ………

01 | Button ボタン

pop3_btn_01

pop3_btn_02

pop3_btn_03

pop3_btn_04

pop3_btn_05

pop3_btn_06

pop3_btn_07

pop3_btn_08

pop3_btn_09

pop3_btn_10

pop3_btn_11

pop3_btn_12

pop3_btn_13

pop3_btn_14

pop3_btn_15

pop3_btn_16

pop3_btn_17

pop3_btn_18

pop3_btn_19

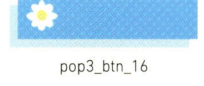

pop3_btn_20

pop3_btn_21

pop3_btn_22

pop3_btn_23

pop3_btn_24

pop3_btn_25

pop3_btn_26

02 | **Headline** 見出し

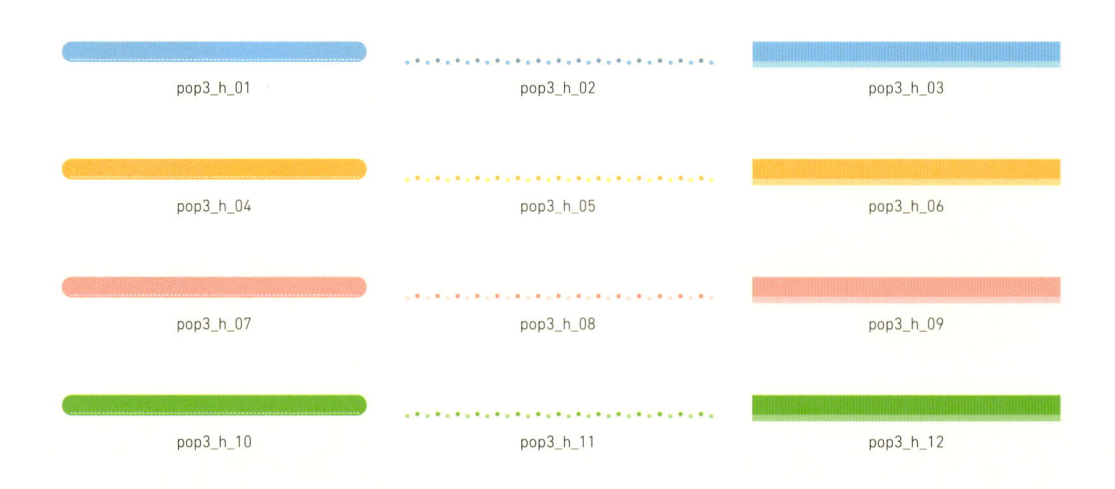

pop3_h_01

pop3_h_02

pop3_h_03

pop3_h_04

pop3_h_05

pop3_h_06

pop3_h_07

pop3_h_08

pop3_h_09

pop3_h_10

pop3_h_11

pop3_h_12

03 | **Frame** フレーム

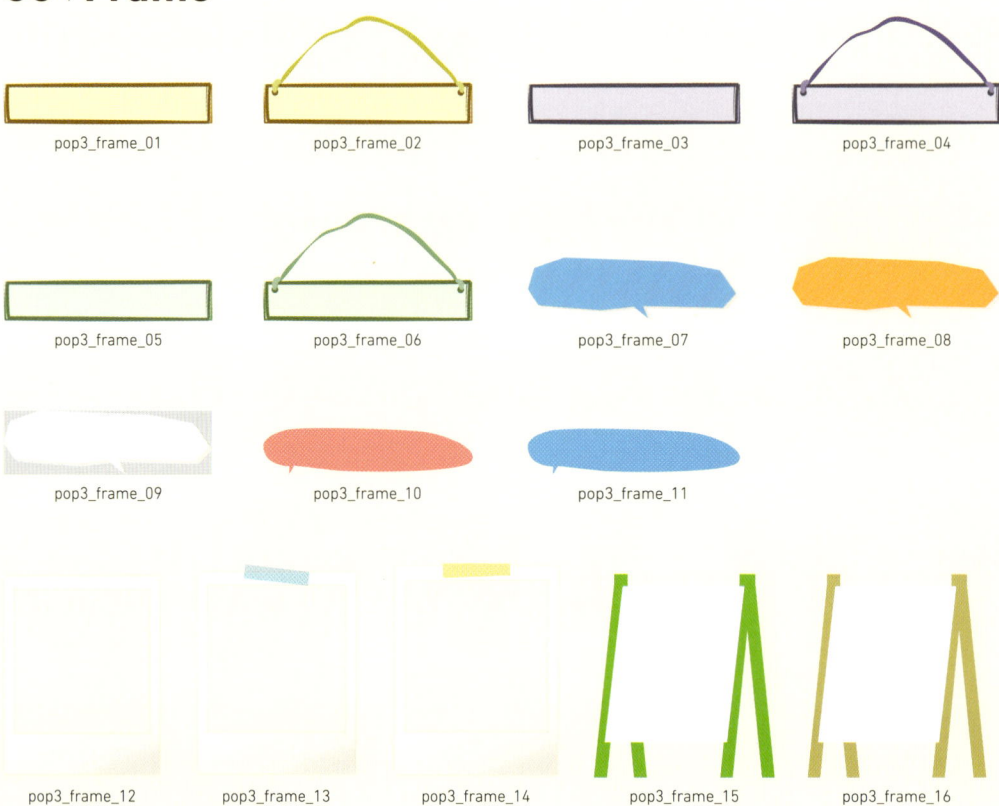

pop3_frame_01

pop3_frame_02

pop3_frame_03

pop3_frame_04

pop3_frame_05

pop3_frame_06

pop3_frame_07

pop3_frame_08

pop3_frame_09

pop3_frame_10

pop3_frame_11

pop3_frame_12

pop3_frame_13

pop3_frame_14

pop3_frame_15

pop3_frame_16

04 | Line ライン

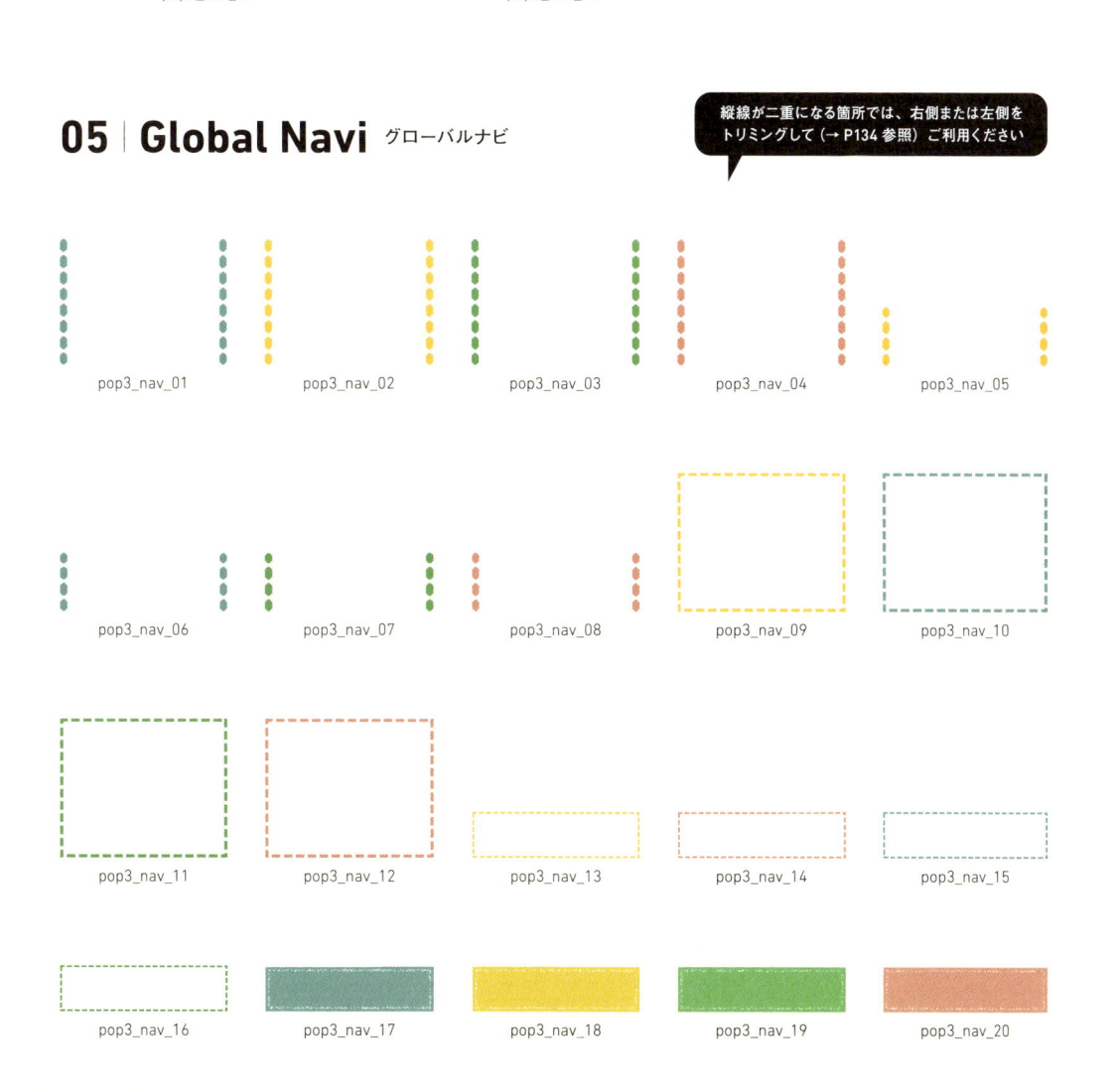

pop3_line_01

pop3_line_02

pop3_line_03

pop3_line_04

pop3_line_05

pop3_line_06

pop3_line_07

pop3_line_08

pop3_line_09

pop3_line_10

pop3_line_11

05 | Global Navi グローバルナビ

縦線が二重になる箇所では、右側または左側を
トリミングして（→ P134 参照）ご利用ください

pop3_nav_01

pop3_nav_02

pop3_nav_03

pop3_nav_04

pop3_nav_05

pop3_nav_06

pop3_nav_07

pop3_nav_08

pop3_nav_09

pop3_nav_10

pop3_nav_11

pop3_nav_12

pop3_nav_13

pop3_nav_14

pop3_nav_15

pop3_nav_16

pop3_nav_17

pop3_nav_18

pop3_nav_19

pop3_nav_20

06 | Icon アイコン

pop3_ico_01

pop3_ico_02

pop3_ico_03

pop3_ico_04

pop3_ico_05

pop3_ico_06

pop3_ico_07

pop3_ico_08

pop3_ico_09

pop3_ico_10

pop3_ico_11

pop3_ico_12

pop3_ico_13

07 | Illust イラスト

pop3_img_01

pop3_img_02

pop3_img_03

pop3_img_04

pop3_img_05

pop3_img_06

pop3_img_07

pop3_img_08

pop3_img_09

pop3_img_10

pop3_img_11

pop3_img_12

08 | **Photo** 写真

pop3_img_01   pop3_img_02   pop3_img_03   pop3_img_04   pop3_img_05

pop3_img_06   pop3_img_07   pop3_img_08   pop3_img_09   pop3_img_10

pop3_img_11

09 | **Background image** 背景

pop3_bg_01   pop3_bg_02   pop3_bg_03   pop3_bg_04

pop3_bg_05   pop3_bg_06   pop3_bg_07   pop3_bg_08

pop3_bg_09   pop3_bg_10   pop3_bg_11   pop3_bg_12

Girlish[1]

▶ ガーリィ_1

Keyword ： 若い女性向け｜水彩｜手描き｜アナログ｜柔らかい

Font ： スマートフォント UI　http://www.flopdesign.com/freefont/smartfont.html
Bell MT Italic　http://fontsup.com/font/bell-mt-bold-italic.html

Photo ： http://www.pexels.com/photo/camera-photographer-woman-fashion-7529/

アクセサリー制作写真提供：みやき あゆみ（coinu）

- CD
- ▼
- ■ Part 1
- ▼
- ■ 06_ ガーリィ _1

05　グローバル
　　ナビ

03　フレーム

06　アイコン

01　ボタン

04　ライン

07　イラスト

08　背景

01 ｜ **Button** ボタン

🛒 カートを見る	gir1_btn_01
🛒 カートに入れる	gir1_btn_02
🛒	gir1_btn_03
⋈ マイページ	gir1_btn_04
⋈ 新規会員登録	gir1_btn_05
⋈	gir1_btn_06
✉ お問い合わせ	gir1_btn_07
✉ メールを送る	gir1_btn_08
✉	gir1_btn_09
商品を見る	gir1_btn_10
詳細を見る	gir1_btn_11
	gir1_btn_12
詳細はこちら	gir1_btn_13
	gir1_btn_14
詳細はこちら	gir1_btn_15
	gir1_btn_16
詳細はこちら	gir1_btn_17
	gir1_btn_18

gir1_btn_19　gir1_btn_20　gir1_btn_21　gir1_btn_22　gir1_btn_23

gir1_btn_24　gir1_btn_25　gir1_btn_26　gir1_btn_27　gir1_btn_28

gir1_btn_29　gir1_btn_30　gir1_btn_31 (PAGE TOP)

02 | Headline 見出し

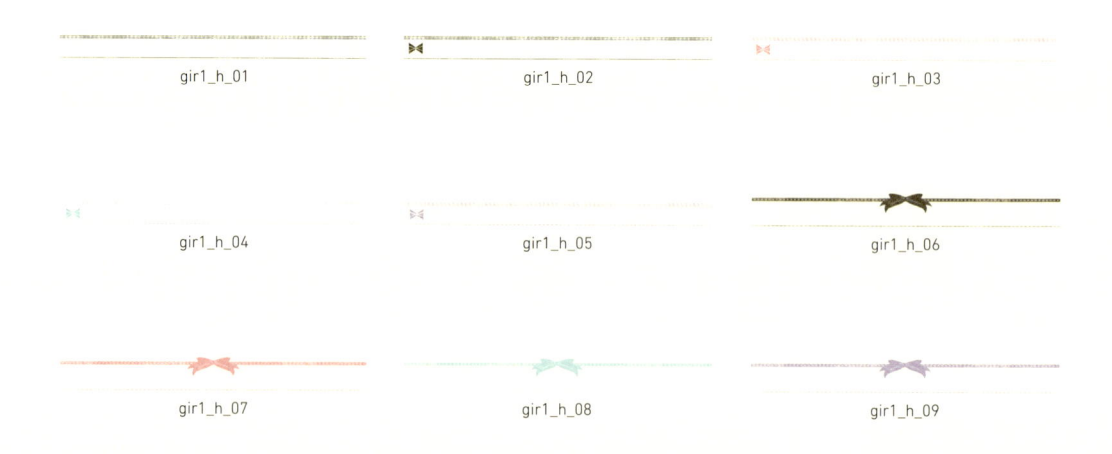

gir1_h_01

gir1_h_02

gir1_h_03

gir1_h_04

gir1_h_05

gir1_h_06

gir1_h_07

gir1_h_08

gir1_h_09

03 | Frame フレーム

gir1_frame_01

gir1_frame_02

gir1_frame_03

gir1_frame_04

gir1_frame_05

gir1_frame_06

gir1_frame_07

04 | Line ライン

gir1_line_01

gir1_line_02

gir1_line_03

gir1_line_04

gir1_line_05

gir1_line_06

05 | Global Navi グローバルナビ

gir1_nav_01

gir1_nav_02

gir1_nav_03

gir1_nav_04

gir1_nav_05

SAMPLE

ome　　About　　Prod

06 | Icon アイコン

gir1_ico_01

gir1_ico_02

gir1_ico_03

gir1_ico_04

gir1_ico_05

gir1_ico_06

gir1_ico_07

07 | Illust イラスト

gir1_img_01

gir1_img_02

gir1_img_03

gir1_img_04

gir1_img_05

gir1_img_06

gir1_img_07

gir1_img_08

gir1_img_09

08 | **Background image** 背景

gir1_bg_01

gir1_bg_02

gir1_bg_03

gir1_bg_04

gir1_bg_05

gir1_bg_06

gir1_bg_07

gir1_bg_08

gir1_bg_09

gir1_bg_10

大きめのサイズで収録していますので、リサイズや
トリミング（→ P134 参照）をしてご利用ください

SAMPLE

Girlish²

▶ ガーリィ_2

Keyword ： キラキラ｜宝石｜ロマンティック｜高級感｜ハート

Font ： IPAex 明朝　　　　http://ipafont.ipa.go.jp/ipafont/download.html
スマートフォント UI　http://www.flopdesign.com/freefont/smartfont.html

Photo ： http://www.photo-ac.com/main/detail/
67595、78145、1465、134109、371、62624、153704、1478

● CD
▼
■ Part 1
▼
■ 06_ ガーリィ_2

07　背景

05　グローバル
　　ナビ

04　ライン

06　アイコン

01　ボタン

02　見出し

03　フレーム

01 | Button ボタン

gir2_btn_01

gir2_btn_02

gir2_btn_03

お問い合わせ
gir2_btn_04

送信する
gir2_btn_05

gir2_btn_06

お問い合わせ
gir2_btn_07

送信する
gir2_btn_08

gir2_btn_09

お問い合わせ
gir2_btn_10

送信する
gir2_btn_11

gir2_btn_12

お問い合わせ
gir2_btn_13

送信する
gir2_btn_14

gir2_btn_15

gir2_btn_16

gir2_btn_17

gir2_btn_18

gir2_btn_19

gir2_btn_20

PAGE UP
gir2_btn_21

PAGE UP
gir2_btn_22

PAGE UP
gir2_btn_23

PAGE UP
gir2_btn_24

02 | **Headline** 見出し

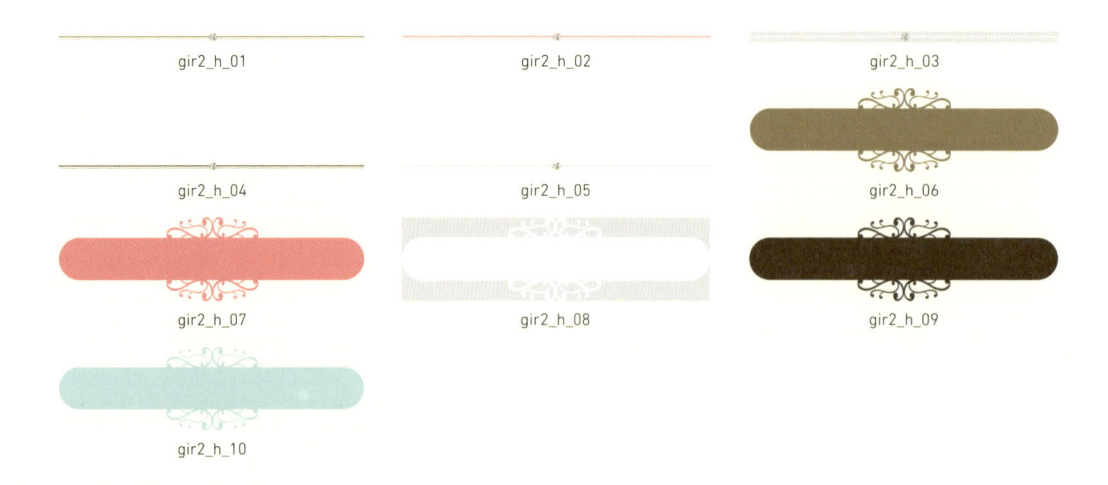

gir2_h_01

gir2_h_02

gir2_h_03

gir2_h_04

gir2_h_05

gir2_h_06

gir2_h_07

gir2_h_08

gir2_h_09

gir2_h_10

03 | **Frame** フレーム

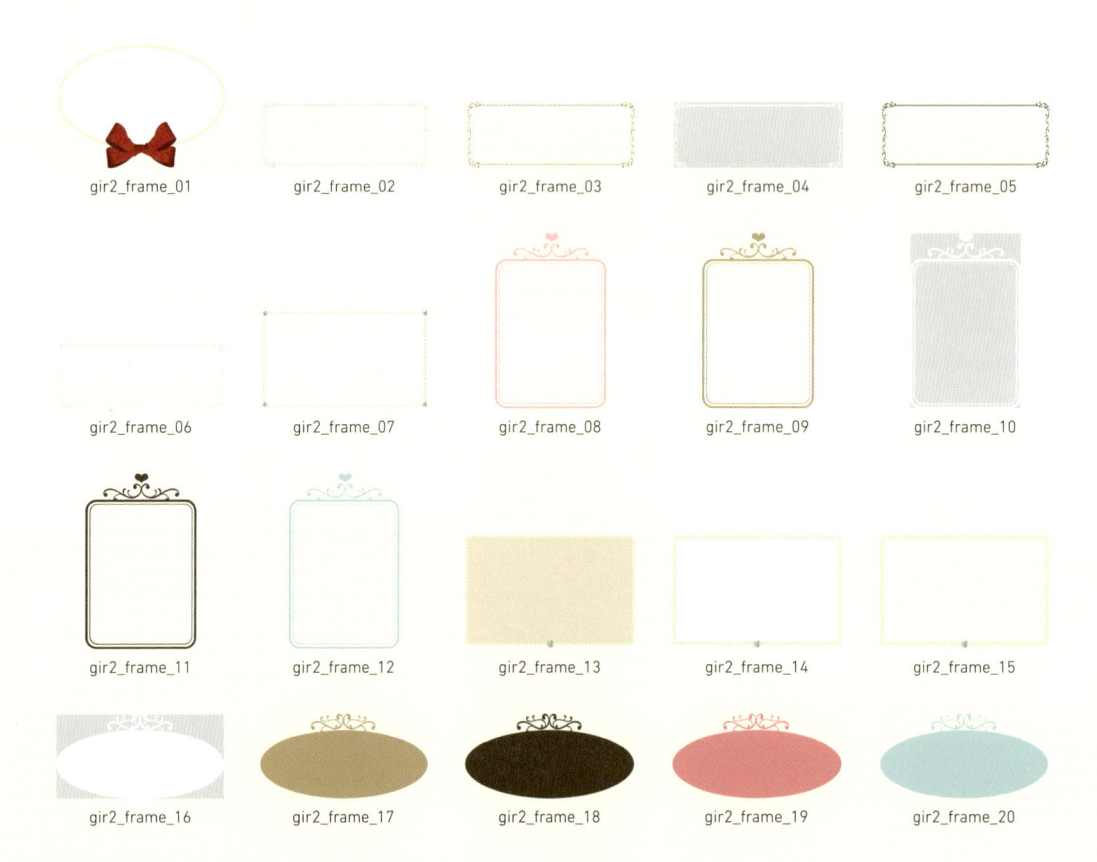

gir2_frame_01

gir2_frame_02

gir2_frame_03

gir2_frame_04

gir2_frame_05

gir2_frame_06

gir2_frame_07

gir2_frame_08

gir2_frame_09

gir2_frame_10

gir2_frame_11

gir2_frame_12

gir2_frame_13

gir2_frame_14

gir2_frame_15

gir2_frame_16

gir2_frame_17

gir2_frame_18

gir2_frame_19

gir2_frame_20

04 | Line ライン

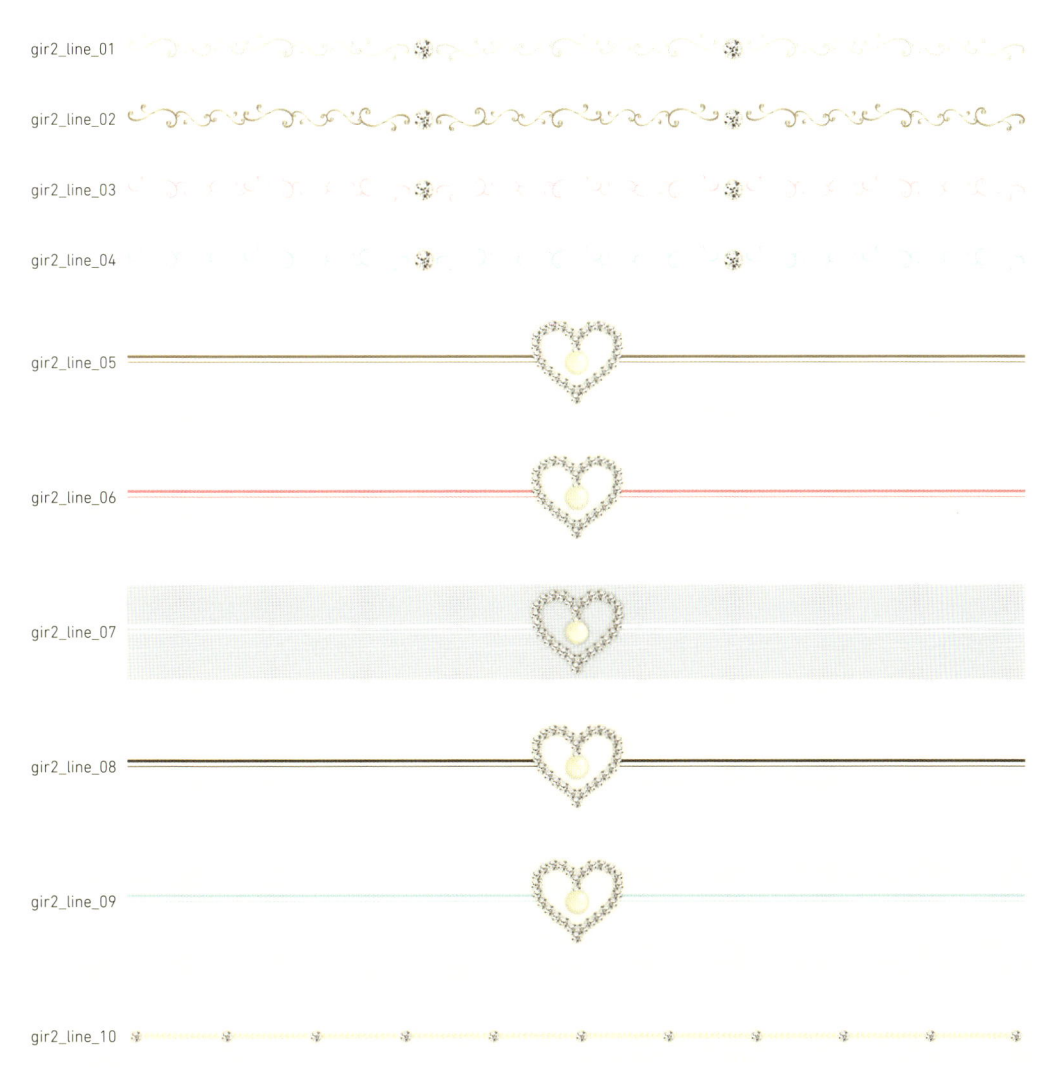

gir2_line_01

gir2_line_02

gir2_line_03

gir2_line_04

gir2_line_05

gir2_line_06

gir2_line_07

gir2_line_08

gir2_line_09

gir2_line_10

05 | Global Navi グローバルナビ

gir2_nav_01

gir2_nav_02

gir2_nav_03

gir2_nav_04

gir2_nav_05

gir2_nav_06

gir2_nav_07

gir2_nav_08

gir2_nav_09

gir2_nav_10

06 | Icon アイコン

gir2_ico_01

gir2_ico_02

gir2_ico_03

gir2_ico_04

gir2_ico_05

gir2_ico_06

gir2_ico_07

gir2_ico_08

gir2_ico_09

gir2_ico_10

gir2_ico_11

gir2_ico_12

07 | Background image 背景

gir2_bg_01

gir2_bg_02

gir2_bg_03

gir2_bg_04

gir2_bg_05

gir2_bg_06

gir2_bg_07

gir2_bg_08

gir2_bg_09

gir2_bg_10

Girlish³

▶ ガーリィ_3

Keyword ： 花｜お菓子｜ケーキ｜かわいい

Font ： Marketing Script　http://www.dafont.com/marketing-script.font
comic-neue-2.2　http://comicneue.com/
梅 P 明朝　http://osdn.jp/projects/ume-font/wiki/FrontPage

● CD
▼
■ Part 1
▼
■ 06_ガーリィ_3

05　グローバル
　　ナビ

08　背景

01　ボタン

06　アイコン

07　写真

02　見出し

03　フレーム

04　ライン

01 | **Button** ボタン

gir3_btn_01

gir3_btn_02

gir3_btn_03

▶ 詳細はこちらから
gir3_btn_04

▶ 詳細はこちらから
gir3_btn_05

▶ 詳細はこちらから
gir3_btn_06

gir3_btn_07

gir3_btn_08

gir3_btn_09

gir3_btn_10

gir3_btn_11

gir3_btn_12

gir3_btn_13

Page Top
gir3_btn_14

Page Top
gir3_btn_15

02 | **Headline** 見出し

gir3_h_01

gir3_h_02

gir3_h_03

gir3_h_04

gir3_h_05

gir3_h_06

03 | **Frame** フレーム

gir3_frame_01

gir3_frame_02

gir3_frame_03

gir3_frame_04

gir3_frame_05

gir3_frame_06

gir3_frame_07

gir3_frame_08

04 | **Line** ライン

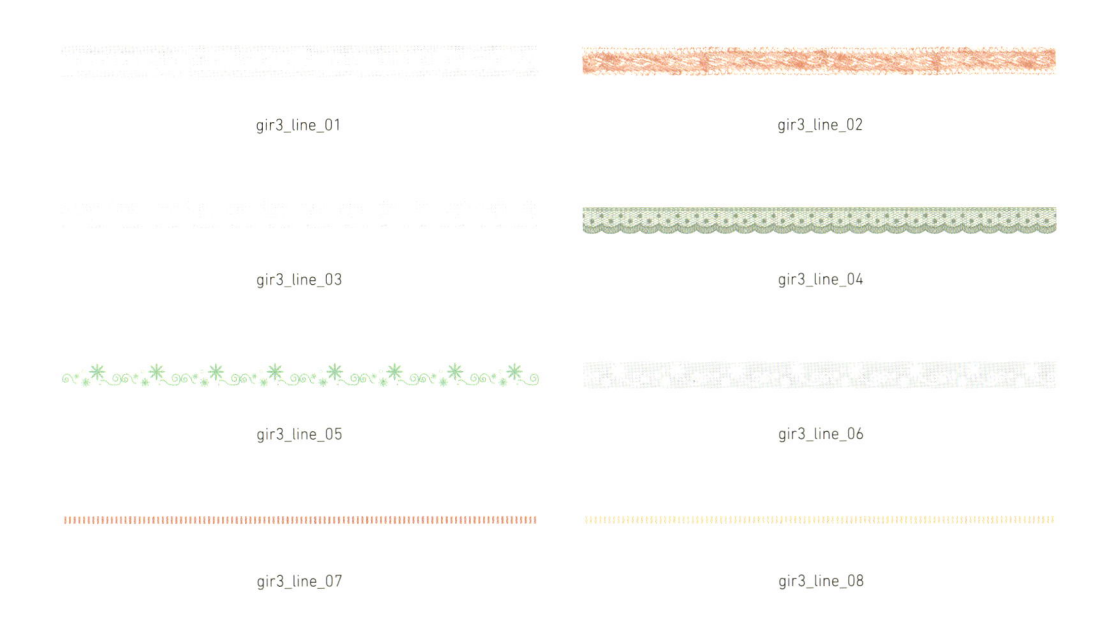

gir3_line_01

gir3_line_02

gir3_line_03

gir3_line_04

gir3_line_05

gir3_line_06

gir3_line_07

gir3_line_08

05 | **Global Navi** グローバルナビ

gir3_nav_01

gir3_nav_02

gir3_nav_03

gir3_nav_04

gir3_nav_05

gir3_nav_06

gir3_nav_07

gir3_nav_08

gir3_nav_09

06 | Icon アイコン

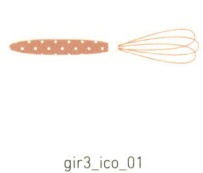   

gir3_ico_01

gir3_ico_02

gir3_ico_03

gir3_ico_04

gir3_ico_05

gir3_ico_06

gir3_ico_07

07 | Photo 写真

gir3_photo_01

gir3_photo_02

gir3_photo_03

gir3_photo_04

gir3_photo_05

gir3_photo_06

gir3_photo_07

gir3_photo_08

gir3_photo_09

gir3_photo_10

gir3_photo_11

gir3_photo_12

gir3_photo_13

gir3_photo_14

gir3_photo_15

08 | Background image　背景

大きめのサイズで収録していますので、リサイズや
トリミング（→ P134 参照）をしてご利用ください

gir3_bg_01

gir3_bg_02

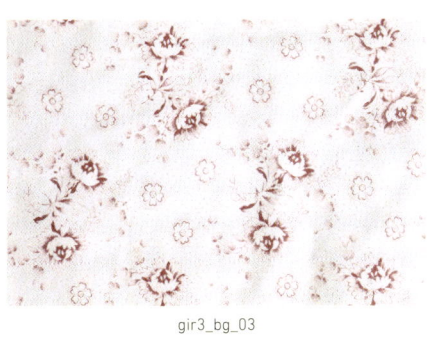
gir3_bg_03

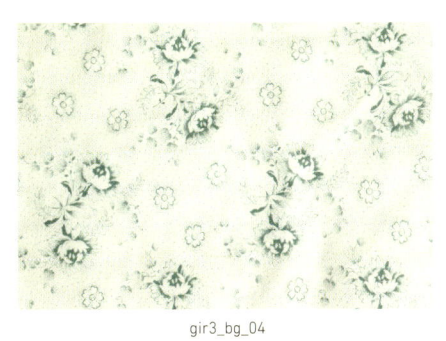
gir3_bg_04

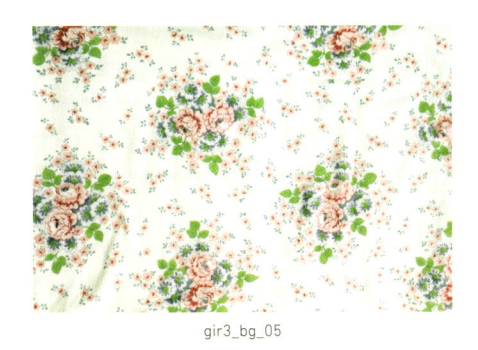
gir3_bg_05

gir3_bg_06

gir3_bg_07

gir3_bg_08

Elegant¹

▶ エレガント_1

Keyword ： ウェディング｜リボン｜宝石｜ラグジュアリー

Font ： ほのか明朝　　　　　http://font.gloomy.jp/honoka-mincho-dl.html
　　　　Easy Street Alt EPS　http://www.fonts2u.com/easy-street-alt-eps.font

Photo ： http://www.photo-ac.com/

◉ CD
▼
◼ Part 1
▼
◼ 07_エレガント_1

05　グローバル
　　ナビ

02　見出し

03　フレーム

01　ボタン

07　イラスト

06　アイコン

08　背景

04　ライン

01 | **Button** ボタン

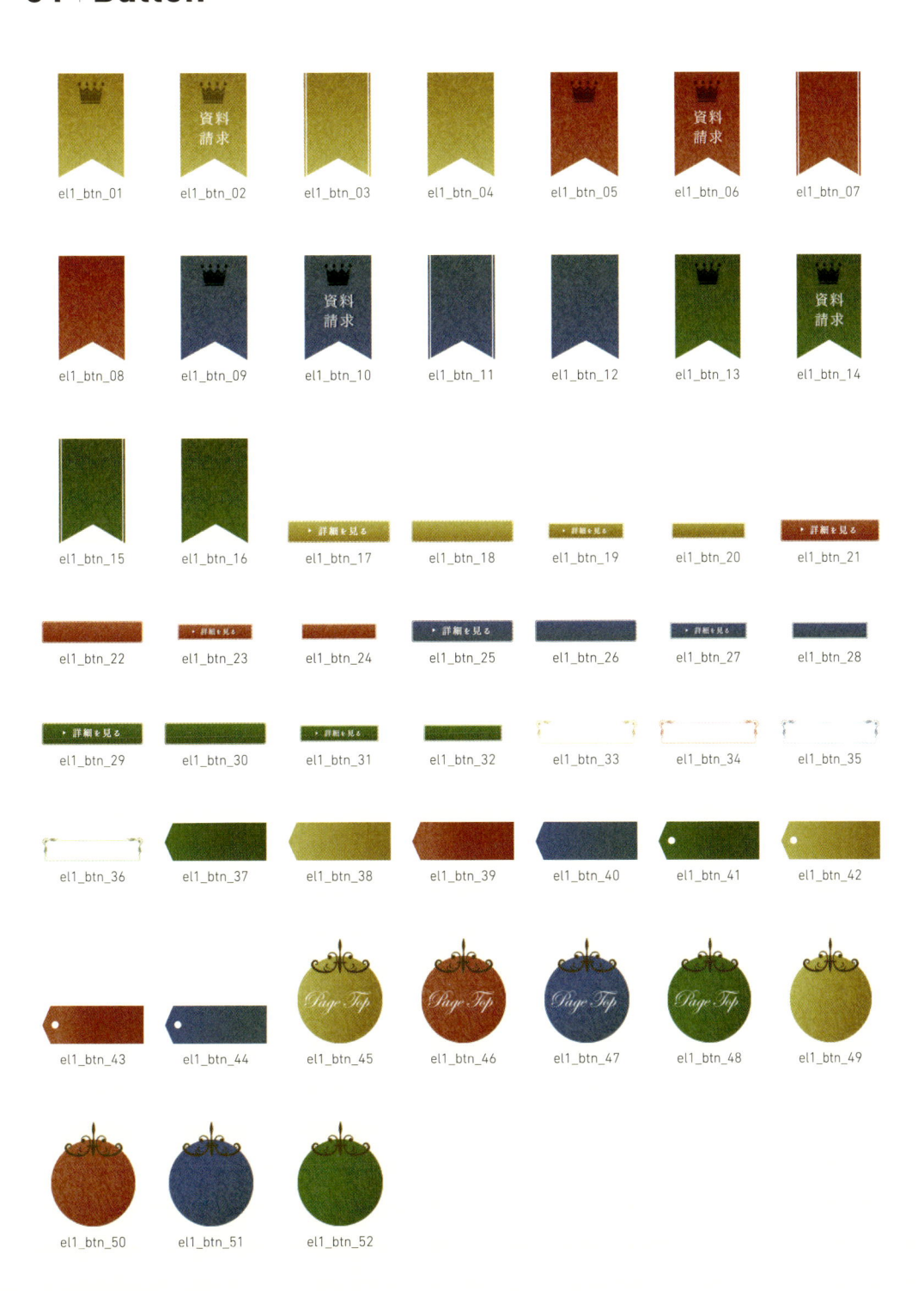

el1_btn_01 el1_btn_02 el1_btn_03 el1_btn_04 el1_btn_05 el1_btn_06 el1_btn_07

el1_btn_08 el1_btn_09 el1_btn_10 el1_btn_11 el1_btn_12 el1_btn_13 el1_btn_14

el1_btn_15 el1_btn_16 el1_btn_17 el1_btn_18 el1_btn_19 el1_btn_20 el1_btn_21

el1_btn_22 el1_btn_23 el1_btn_24 el1_btn_25 el1_btn_26 el1_btn_27 el1_btn_28

el1_btn_29 el1_btn_30 el1_btn_31 el1_btn_32 el1_btn_33 el1_btn_34 el1_btn_35

el1_btn_36 el1_btn_37 el1_btn_38 el1_btn_39 el1_btn_40 el1_btn_41 el1_btn_42

el1_btn_43 el1_btn_44 el1_btn_45 el1_btn_46 el1_btn_47 el1_btn_48 el1_btn_49

el1_btn_50 el1_btn_51 el1_btn_52

02 | **Headline** 見出し

el1_h_01

el1_h_02

el1_h_03

el1_h_04

el1_h_05

el1_h_06

el1_h_07

el1_h_08

el1_h_09

el1_h_10

el1_h_11

el1_h_12

el1_h_13

03 | **Frame** フレーム

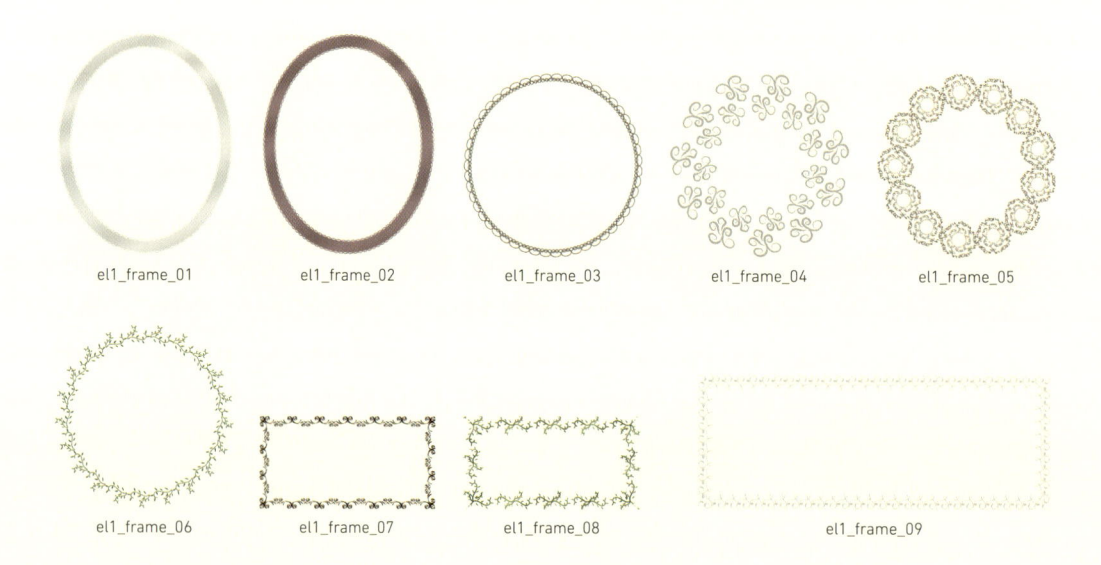

el1_frame_01

el1_frame_02

el1_frame_03

el1_frame_04

el1_frame_05

el1_frame_06

el1_frame_07

el1_frame_08

el1_frame_09

04 | **Line** ライン

el1_line_01　　　　　el1_line_02　　　　　el1_line_03

el1_line_04　　　　　el1_line_05　　　　　el1_line_06

05 | **Global Navi** グローバルナビ

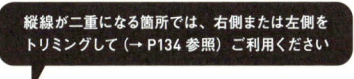

縦線が二重になる箇所では、右側または左側を
トリミングして（→ P134 参照）ご利用ください

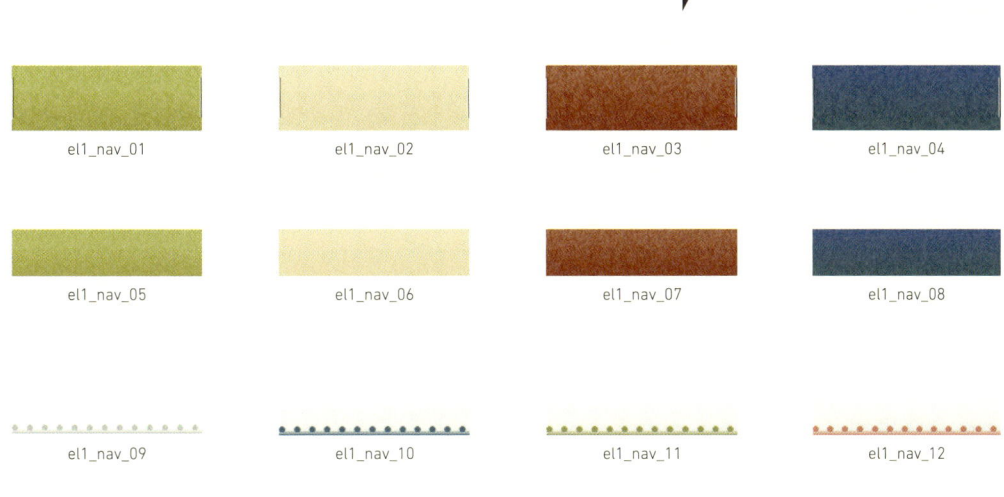

el1_nav_01　　　el1_nav_02　　　el1_nav_03　　　el1_nav_04

el1_nav_05　　　el1_nav_06　　　el1_nav_07　　　el1_nav_08

el1_nav_09　　　el1_nav_10　　　el1_nav_11　　　el1_nav_12

el1_nav_13　　　el1_nav_14

el1_nav_15　　　el1_nav_16

SAMPLE

06 | Icon アイコン

el1_ico_01
el1_ico_02
el1_ico_03
el1_ico_04
el1_ico_05
el1_ico_06

el1_ico_07
el1_ico_08
el1_ico_09
el1_ico_10
el1_ico_11
el1_ico_12

el1_ico_13
el1_ico_14
el1_ico_15
el1_ico_16
el1_ico_17
el1_ico_18

el1_ico_19
el1_ico_20
el1_ico_21
el1_ico_22

07 | Illust イラスト

el1_img_01

el1_img_02

SAMPLE
Photo gallery
Click

08 | Background image 背景

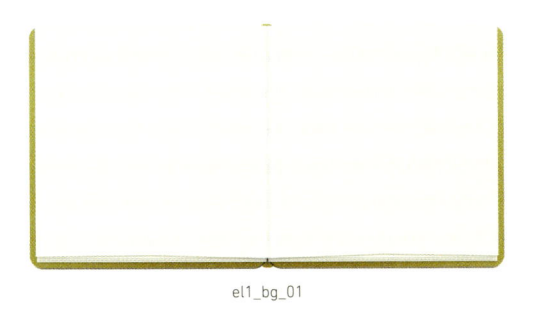

el1_bg_01

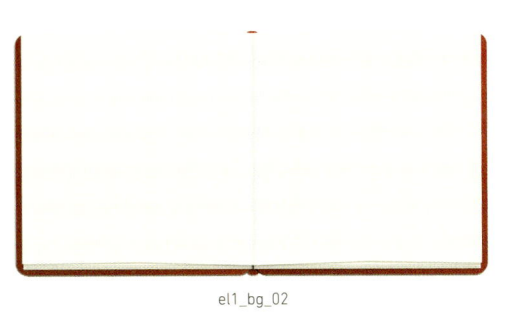

el1_bg_02

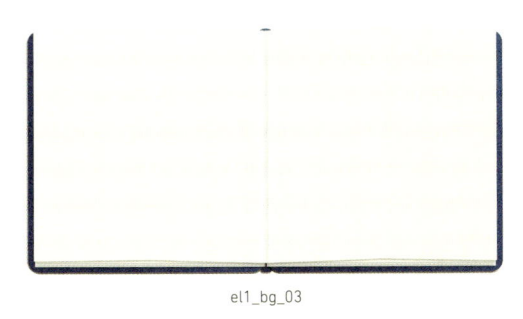

el1_bg_03

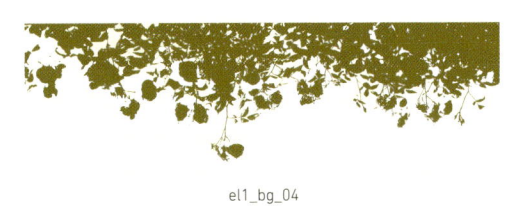

el1_bg_04

el1_bg_05

大きめのサイズで収録していますので、リサイズや
トリミング（→ P134 参照）をしてご利用ください

el1_bg_06

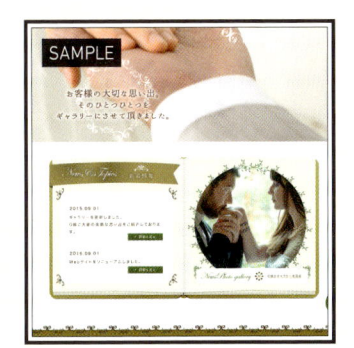

Elegant²

▶ エレガント_2

Keyword	：	花 | レトロ | オリエンタル | コラージュ | ゴールド	
Font	：	IPA ゴシック	http://ipafont.ipa.go.jp/ipafont/download.html
		Century	http://www.azfonts.net/families/century.html
Photo	：	https://www.pakutaso.com/20150648160post-5611.html	

● CD
▼
■ Part 1
▼
■ 07_エレガント_2

05 グローバルナビ

07 背景

02 見出し

03 フレーム

04 ライン

06 アイコン

01 ボタン

01 | Button ボタン

el2_btn_01

el2_btn_02

el2_btn_03

el2_btn_04

el2_btn_05

el2_btn_06

el2_btn_07

el2_btn_08

el2_btn_09

el2_btn_10

el2_btn_11

el2_btn_12

el2_btn_13

el2_btn_14

el2_btn_15

el2_btn_16

el2_btn_17

el2_btn_18

el2_btn_19

el2_btn_20

el2_btn_21

el2_btn_22

el2_btn_23

el2_btn_24

el2_btn_25

el2_btn_26

el2_btn_27

el2_btn_28

02 | Headline 見出し

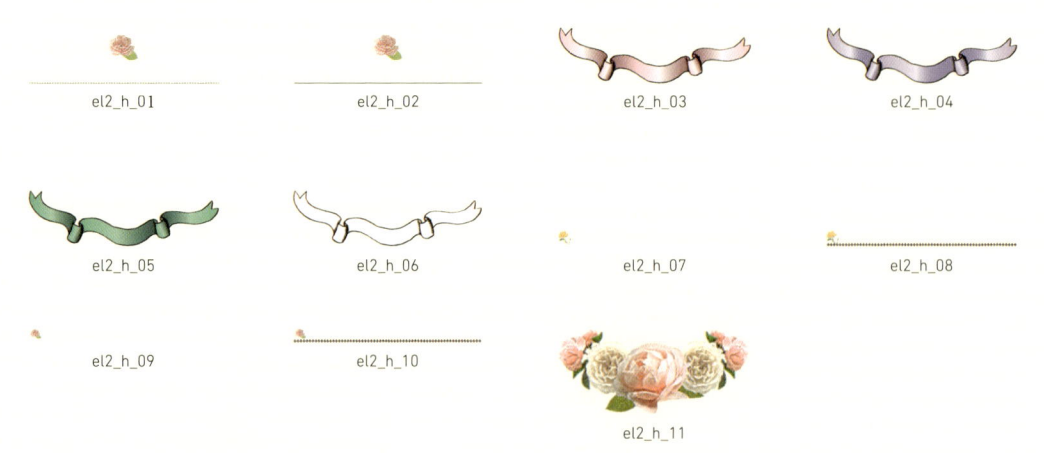

el2_h_01

el2_h_02

el2_h_03

el2_h_04

el2_h_05

el2_h_06

el2_h_07

el2_h_08

el2_h_09

el2_h_10

el2_h_11

03 | Frame フレーム

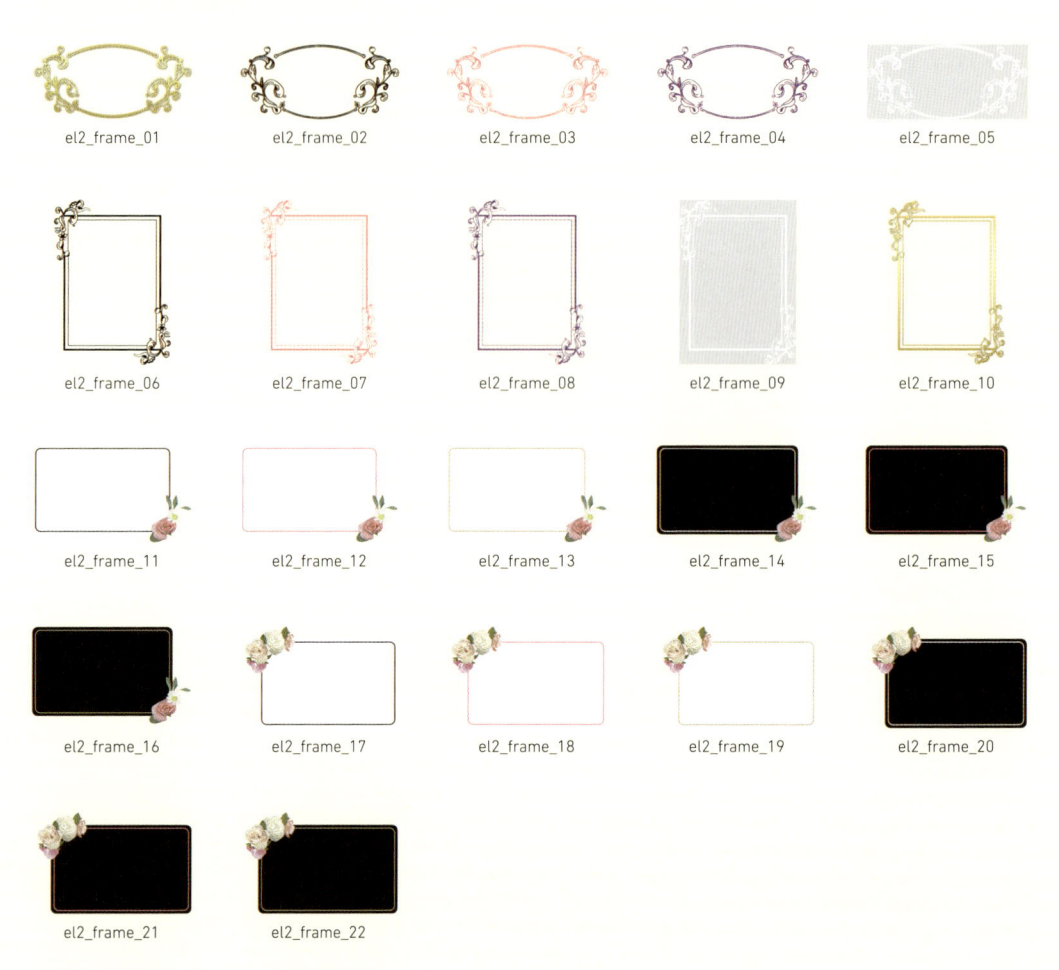

el2_frame_01

el2_frame_02

el2_frame_03

el2_frame_04

el2_frame_05

el2_frame_06

el2_frame_07

el2_frame_08

el2_frame_09

el2_frame_10

el2_frame_11

el2_frame_12

el2_frame_13

el2_frame_14

el2_frame_15

el2_frame_16

el2_frame_17

el2_frame_18

el2_frame_19

el2_frame_20

el2_frame_21

el2_frame_22

04 | **Line** ライン

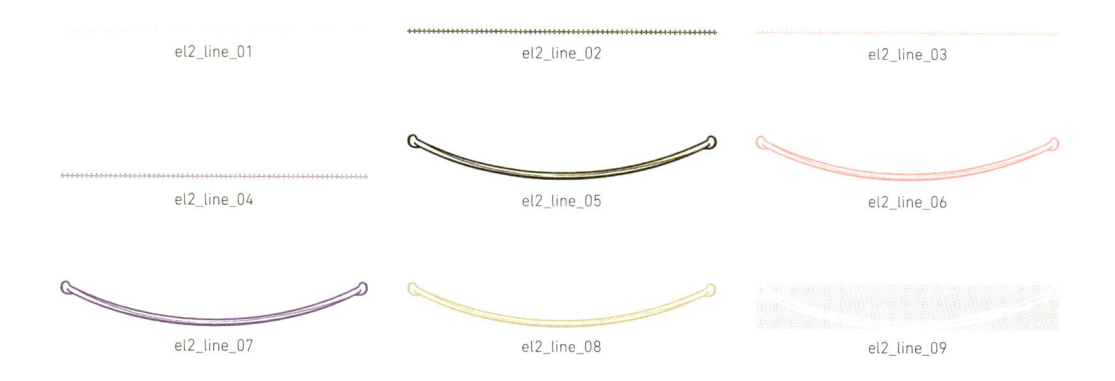

el2_line_01

el2_line_02

el2_line_03

el2_line_04

el2_line_05

el2_line_06

el2_line_07

el2_line_08

el2_line_09

05 | **Global Navi** グローバルナビ

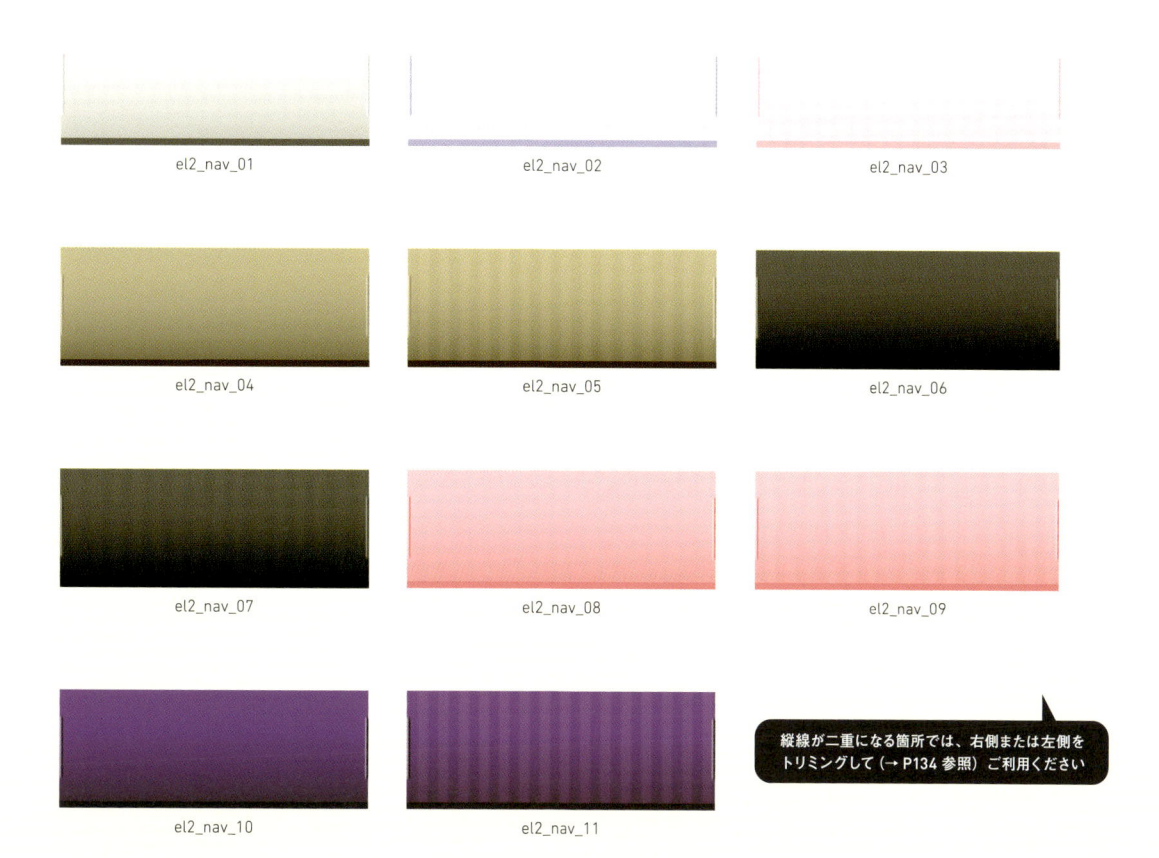

el2_nav_01

el2_nav_02

el2_nav_03

el2_nav_04

el2_nav_05

el2_nav_06

el2_nav_07

el2_nav_08

el2_nav_09

el2_nav_10

el2_nav_11

縦線が二重になる箇所では、右側または左側を
トリミングして（→ P134 参照）ご利用ください

06 | Icon アイコン

el2_ico_01

el2_ico_02

el2_ico_03

el2_ico_04

el2_ico_05

el2_ico_06

el2_ico_07

el2_ico_08

el2_ico_09

el2_ico_10

el2_ico_11

el2_ico_12

el2_ico_13

el2_ico_14

el2_ico_15

el2_ico_16

el2_ico_17

el2_ico_18

el2_ico_19

el2_ico_20

el2_ico_21

el2_ico_22

el2_ico_23

el2_ico_24

07 | Background image 背景

el2_bg_01

el2_bg_02

el2_bg_03

el2_bg_04

el2_bg_05

el2_bg_06

el2_bg_07

el2_bg_08

el2_bg_09

el2_bg_10

Natural¹
▶ ナチュラル_1

Keyword ： 健康食品｜手描き｜布地｜カントリー

Font ： 梅ゴシック　　　http://osdn.jp/projects/ume-font/wiki/FrontPage
Great Vibes　　http://www.fontsquirrel.com/fonts/great-vibes

Photo ： https://www.pakutaso.com/20140433094post-4033.html

● CD
▼
■ Part 1
▼
■ 08_ナチュラル_1

05 グローバル
　　ナビ

07 イラスト

03 フレーム

06 アイコン

08 写真

01 ボタン

02 見出し

09 背景

04 ライン

01 | **Button** ボタン

nat1_btn_01

nat1_btn_02

nat1_btn_03

nat1_btn_04

nat1_btn_05

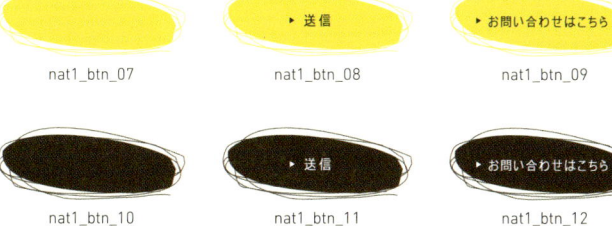
nat1_btn_06

nat1_btn_07

nat1_btn_08

nat1_btn_09

nat1_btn_10

nat1_btn_11

nat1_btn_12

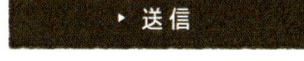
nat1_btn_13

nat1_btn_14

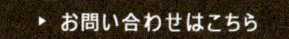
nat1_btn_15

nat1_btn_16

nat1_btn_17

nat1_btn_18

nat1_btn_19

nat1_btn_20

nat1_btn_21

nat1_btn_22

nat1_btn_23

nat1_btn_24

nat1_btn_25

nat1_btn_26

nat1_btn_27

nat1_btn_28

nat1_btn_29

nat1_btn_30

02 | Headline 見出し

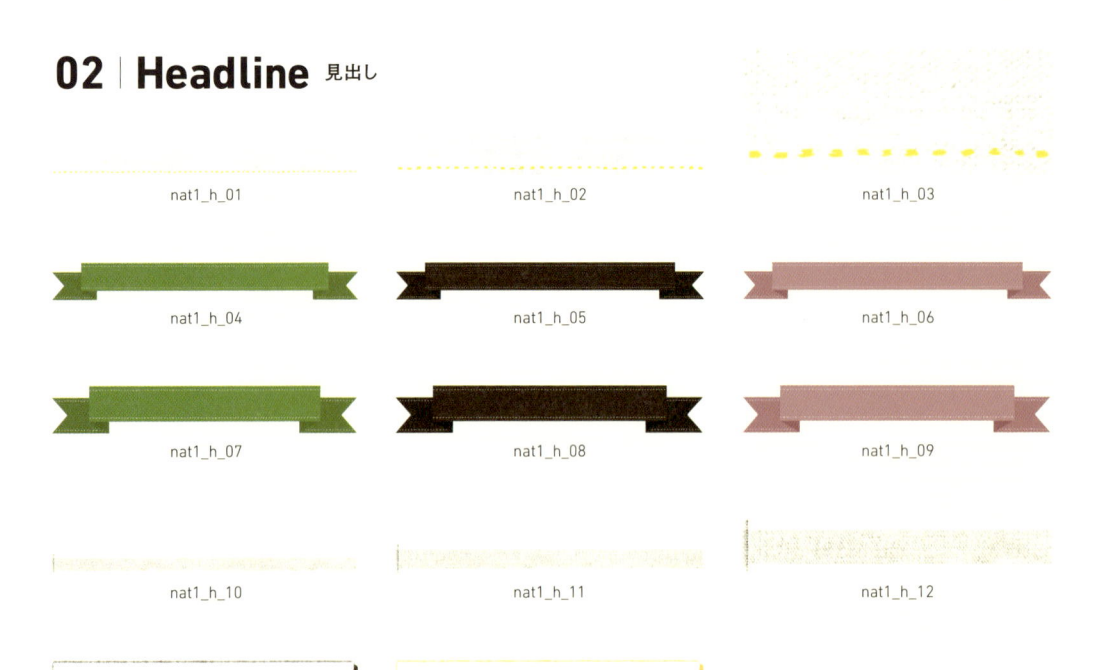

nat1_h_01

nat1_h_02

nat1_h_03

nat1_h_04

nat1_h_05

nat1_h_06

nat1_h_07

nat1_h_08

nat1_h_09

nat1_h_10

nat1_h_11

nat1_h_12

nat1_h_13

nat1_h_14

03 | Frame フレーム

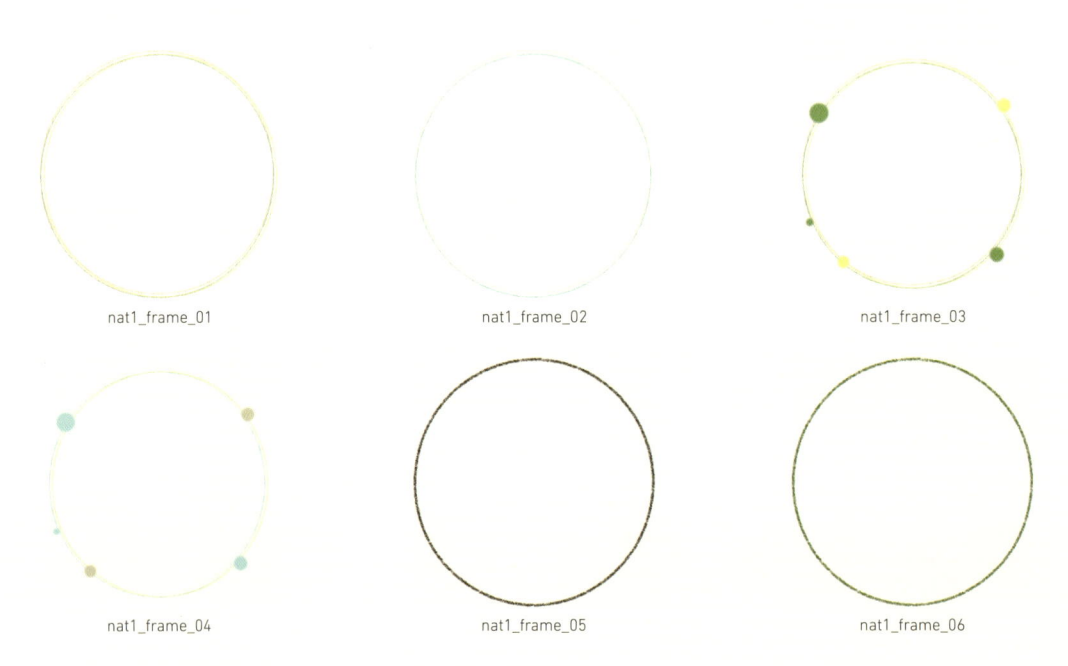

nat1_frame_01

nat1_frame_02

nat1_frame_03

nat1_frame_04

nat1_frame_05

nat1_frame_06

04 | **Line** ライン

nat1_line_01

nat1_line_02

nat1_line_03

nat1_line_04

nat1_line_05

nat1_line_06

05 | **Global Navi** グローバルナビ

nat1_nav_01

nat1_nav_02

nat1_nav_03

nat1_nav_04

06 | **Icon** アイコン

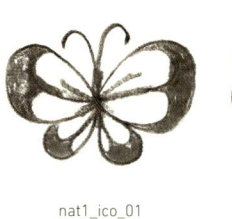

nat1_ico_01

nat1_ico_02

nat1_ico_03

nat1_ico_04

nat1_ico_05

nat1_ico_06

nat1_ico_07

07 | Illust イラスト

nat1_img_01

nat1_img_02

nat1_img_03

nat1_img_04

nat1_img_05

nat1_img_06

nat1_img_07

08 | Photo 写真

nat1_photo_01

nat1_photo_02

nat1_photo_03

nat1_photo_04

nat1_photo_05

nat1_photo_06

nat1_photo_07

09 | Background image 背景

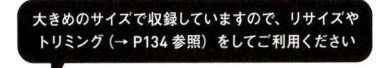
大きめのサイズで収録していますので、リサイズや
トリミング（→ P134 参照）をしてご利用ください

nat1_bg_01

nat1_bg_02

nat1_bg_03

nat1_bg_04

nat1_bg_05

nat1_bg_06

nat1_bg_07

nat1_bg_08

Natural²

▶ ナチュラル_2

Keyword ： 花｜手描き｜イラスト｜カラフル

Font ： かんじゅくゴシック http://www.flopdesign.com/freefont/kanjyukugo
thic-freefont.html

Comfortaa http://aajohan.deviantart.com/art/Comfortaa-fo
nt-105395949

journal http://www.dafont.com/journal.font

Photo ： tookapic より https://stock.tookapic.com/photos/
1207、5204、17004、15357、16280、5534、15356

ガーランド http://www.photo-ac.com/main/detail/60956

● CD

▼

■ Part 1

▼

■ 08_ナチュラル_2

05 グローバル
ナビ

06 アイコン

02 見出し

03 フレーム

07 背景

01 ボタン

04 ライン

01 | **Button** ボタン

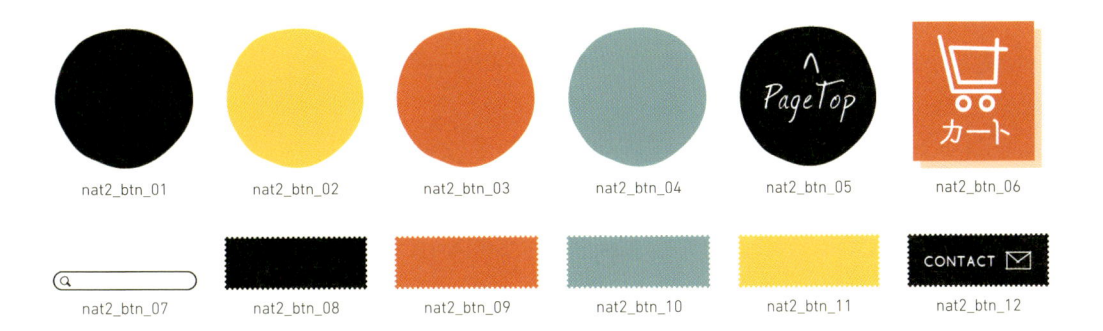

nat2_btn_01	nat2_btn_02	nat2_btn_03	nat2_btn_04	nat2_btn_05	nat2_btn_06

nat2_btn_07	nat2_btn_08	nat2_btn_09	nat2_btn_10	nat2_btn_11	nat2_btn_12

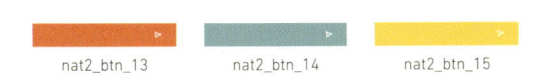

nat2_btn_13	nat2_btn_14	nat2_btn_15

02 | **Headline** 見出し

nat2_h_01	nat2_h_02	nat2_h_03	nat2_h_04	nat2_h_05	nat2_h_06

nat2_h_07	nat2_h_08	nat2_h_09	nat2_h_10	nat2_h_11	nat2_h_12

nat2_h_13	nat2_h_14	nat2_h_15

03 | **Frame** フレーム

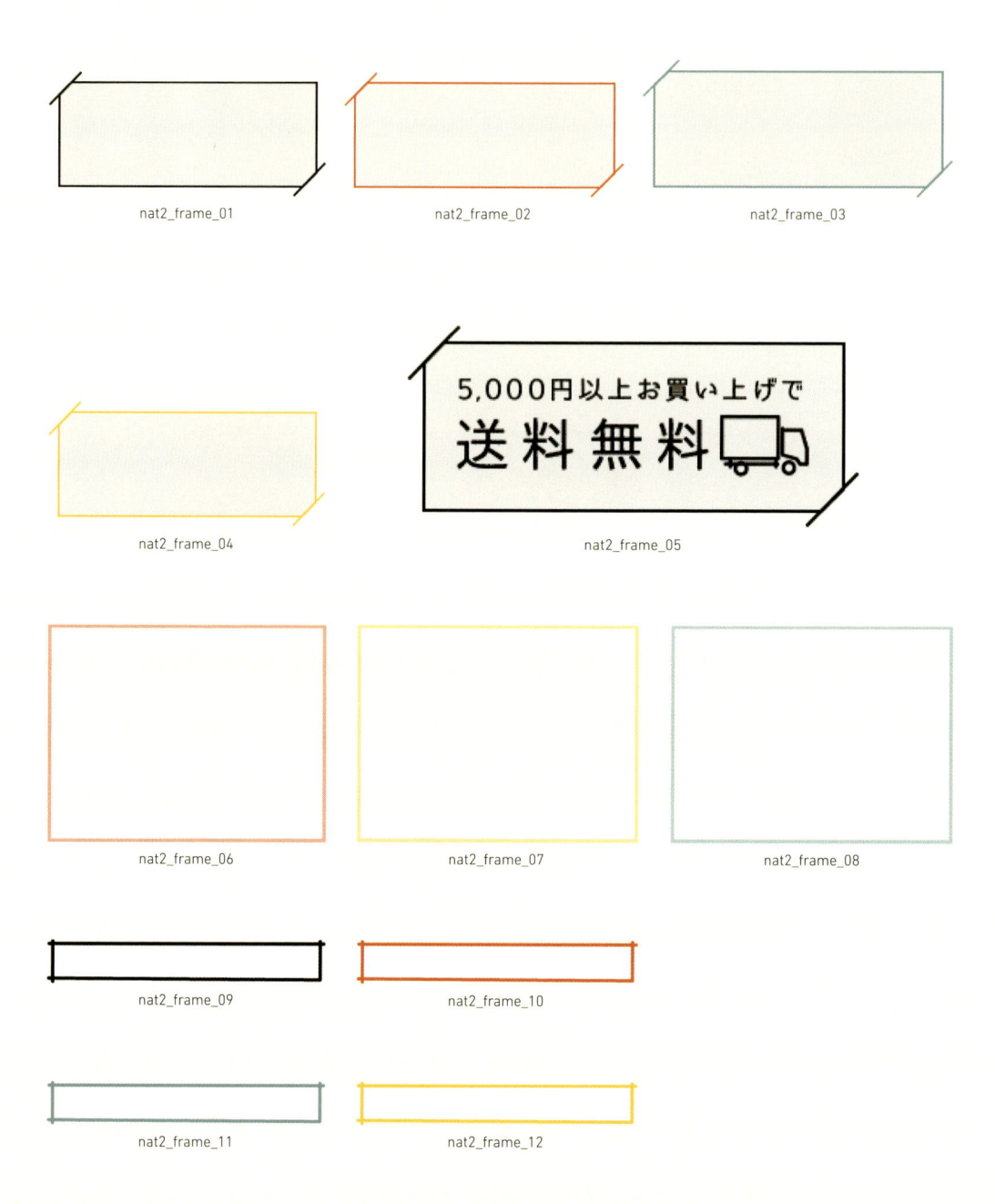

nat2_frame_01

nat2_frame_02

nat2_frame_03

nat2_frame_04

5,000円以上お買い上げで
送料無料

nat2_frame_05

nat2_frame_06

nat2_frame_07

nat2_frame_08

nat2_frame_09

nat2_frame_10

nat2_frame_11

nat2_frame_12

04 | Line ライン

nat2_line_01 ···

nat2_line_02 ···

nat2_line_03 ···

nat2_line_04 ───────────────────────────

nat2_line_05 ───────────────────────────

nat2_line_06 ───────────────────────────

nat2_line_07 ───────────────────────────

nat2_line_08 — — — — — — — — — — — — — — — — —

nat2_line_09 –

nat2_line_10 · – · – · – · – · – · – · – · – · – · – · – · – · –

SAMPLE

NATURALSHOP

オリジナル雑貨をはじめ、ネットショップで人気の商品や、
店舗オリジナルの雑貨、食器、など、豊富に揃えております。

〒163-8001東京都新宿区西新宿2-8-1
Tel：0120-000-0000　Fax：0120-000-0000
営業時間：10:00～20:00
定休日：水曜定休　駐車場：10台

05 | Global Navi グローバルナビ

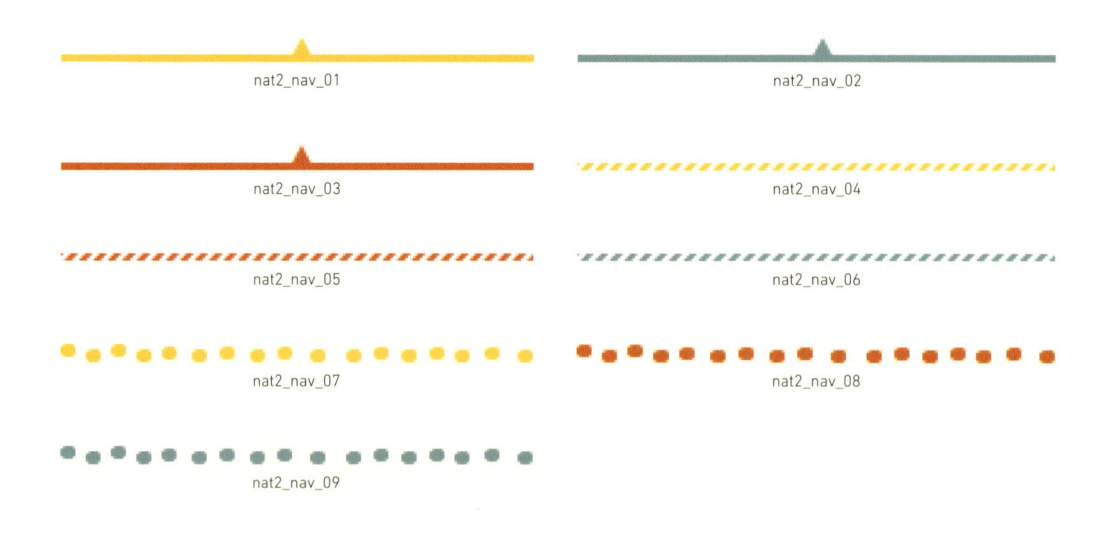

nat2_nav_01

nat2_nav_02

nat2_nav_03

nat2_nav_04

nat2_nav_05

nat2_nav_06

nat2_nav_07

nat2_nav_08

nat2_nav_09

06 | Icon アイコン

nat2_ico_01   nat2_ico_02   nat2_ico_03   nat2_ico_04   nat2_ico_05   nat2_ico_06

nat2_ico_07   nat2_ico_08   nat2_ico_09   nat2_ico_10   nat2_ico_11   nat2_ico_12

nat2_ico_13   nat2_ico_14   nat2_ico_15   nat2_ico_16   nat2_ico_17   nat2_ico_18

07 | Background image 背景

nat2_bg_01

nat2_bg_02

nat2_bg_03

nat2_bg_04

nat2_bg_05

nat2_bg_06

nat2_bg_07

Natural³

▶ ナチュラル_3

Keyword	:	エコロジー｜オーガニック｜健康志向｜アナログ｜手づくり
Font	:	スマートフォント UI　http://www.flopdesign.com/freefont/smartfont.html
		Century　　　　　　　http://www.azfonts.net/families/century.html
Photo	:	https://www.pexels.com/photo/food-tomatoes-vegetable-8390/
		http://www.photo-ac.com/main/detail/
		117542、151419、10099、22088、207153、231321、245314、150990

CD
▼
Part 1
▼
08_ ナチュラル _3

07　背景

05　グローバル
　　ナビ

01　ボタン

02　見出し

04　ライン

03　フレーム

06　アイコン

01 | **Button** ボタン

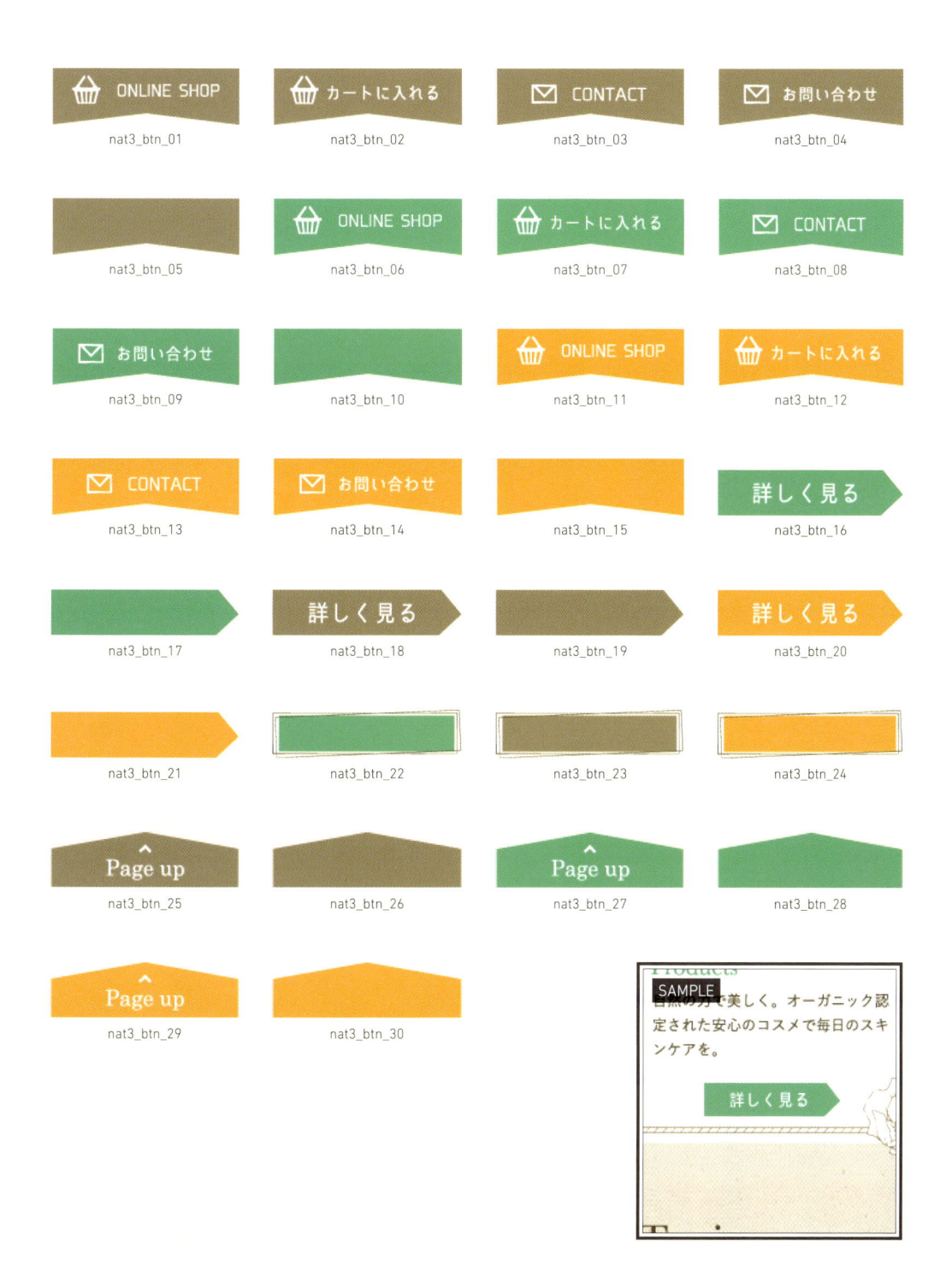

nat3_btn_01	nat3_btn_02
nat3_btn_03	nat3_btn_04
nat3_btn_05	nat3_btn_06
nat3_btn_07	nat3_btn_08
nat3_btn_09	nat3_btn_10
nat3_btn_11	nat3_btn_12
nat3_btn_13	nat3_btn_14
nat3_btn_15	nat3_btn_16
nat3_btn_17	nat3_btn_18
nat3_btn_19	nat3_btn_20
nat3_btn_21	nat3_btn_22
nat3_btn_23	nat3_btn_24
nat3_btn_25	nat3_btn_26
nat3_btn_27	nat3_btn_28
nat3_btn_29	nat3_btn_30

02 | Headline 見出し

nat3_h_01

nat3_h_02

nat3_h_03

nat3_h_04

nat3_h_05

nat3_h_06

03 | Frame フレーム

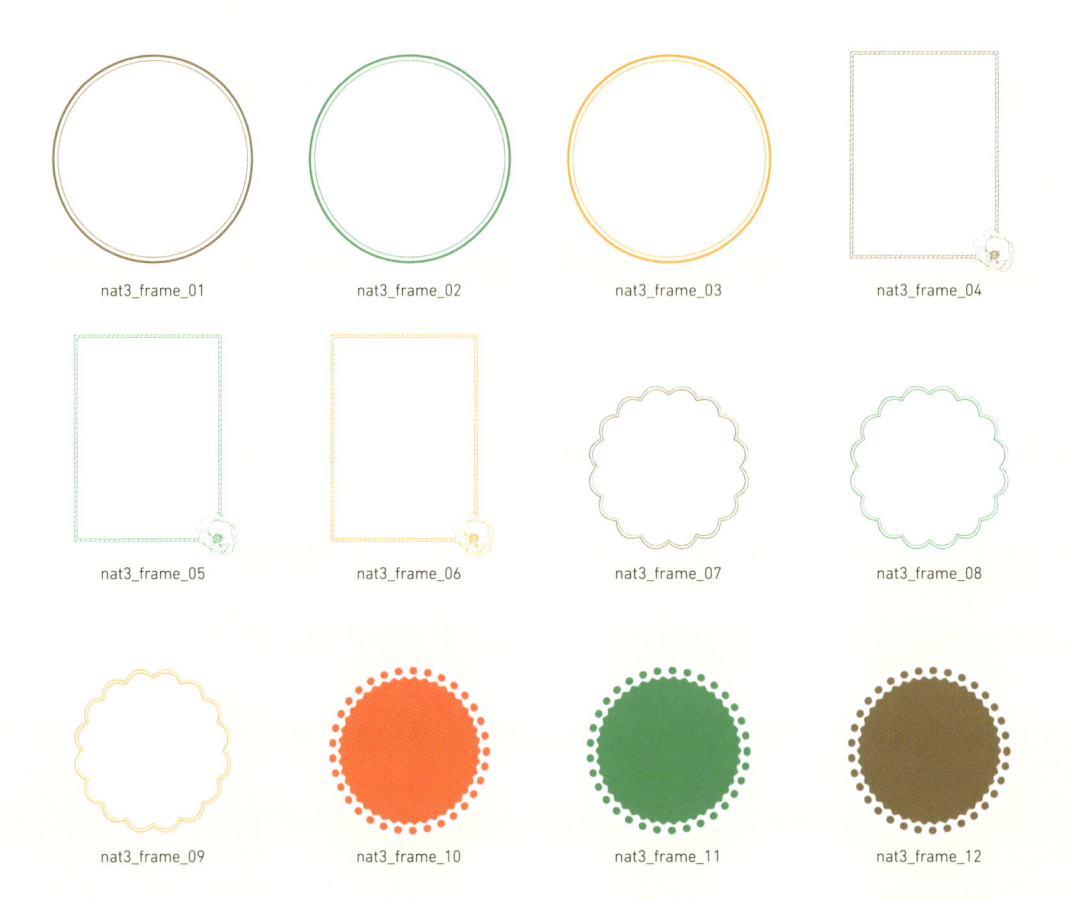

nat3_frame_01

nat3_frame_02

nat3_frame_03

nat3_frame_04

nat3_frame_05

nat3_frame_06

nat3_frame_07

nat3_frame_08

nat3_frame_09

nat3_frame_10

nat3_frame_11

nat3_frame_12

04 | Line ライン

nat3_line_01 ・・・

nat3_line_02 ・・・

nat3_line_03 ・・・

05 | Global Navi グローバルナビ

nat3_nav_01   nat3_nav_02   nat3_nav_03

nat3_nav_04   nat3_nav_05   nat3_nav_06

nat3_nav_07   nat3_nav_08   nat3_nav_09

nat3_nav_10

SAMPLE

Organic co

M

ホーム　新製品　ラインアップ

自然の力で美しく
肌に優しいオーガニック化粧品

06 | Icon アイコン

nat3_ico_01　nat3_ico_02　nat3_ico_03　nat3_ico_04　nat3_ico_05　nat3_ico_06　nat3_ico_07

nat3_ico_08　nat3_ico_09　nat3_ico_10　nat3_ico_11　nat3_ico_12　nat3_ico_13　nat3_ico_14

nat3_ico_15　nat3_ico_16　nat3_ico_17　nat3_ico_18　nat3_ico_19　nat3_ico_20　nat3_ico_21

nat3_ico_22　nat3_ico_23　nat3_ico_24　nat3_ico_25　nat3_ico_26　nat3_ico_27　nat3_ico_28

nat3_ico_29　nat3_ico_30　nat3_ico_31　nat3_ico_32　nat3_ico_33　nat3_ico_34　nat3_ico_35

nat3_ico_36　nat3_ico_37　nat3_ico_38　nat3_ico_39　nat3_ico_40　nat3_ico_41　nat3_ico_42

nat3_ico_43

07 | Background image 背景

大きめのサイズで収録していますので、リサイズや
トリミング（→ P134 参照）をしてご利用ください

nat3_bg_01

nat3_bg_02

nat3_bg_03

nat3_bg_04

nat3_bg_05

nat3_bg_06

nat3_bg_07

nat3_bg_08

素材のサイズを変更する

ホームページで使用する際に、素材そのままではサイズが合わないことがあります。画像の縮小やトリミング（切り取り）を行って、使いやすく加工しましょう。ここでは「pixlr」という Web サービスを使った、サイズ変更の操作を解説します。Web サービスなのでブラウザさえあれば、インストールせずにすぐに使えます。

※ Adobe Flash のプラグインがインストールされている必要があります
※サービス提供元の都合により、本サービスは利用できなくなる場合があります。あらかじめご了承ください

1 https://pixlr.com/editor/にアクセスします。[ファイルから画像を開く]をクリックし、目的のファイルを選択して開きます。

2 画像をそのまま小さくしたい場合は、上部のメニューから[画像]→[画像サイズ]を選択します。

3 [縦横比を固定]にチェックを入れて、数値を入力して[OK]を押します。

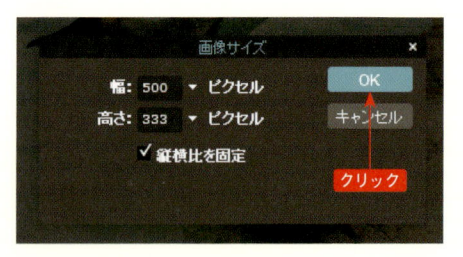

4 トリミングしたい場合は、ツールから[切り抜きツール]を選択して、切り抜きたい部分をドラッグします。

5 [Enter] キーを押してトリミングを実行します。

6 メニューから[ファイル]→[保存]を選択します。フォーマットと画質を選択して [OK] をクリックすると、画像を保存できます。

写真などの場合は JPEG、透過部分があるファイルは PNG にします。クオリティーの数値を低くするとファイルサイズは小さくなりますが、画像が荒れるので注意ください。

素材の使い方②

ボタンや見出しに文字を入れる

文字のないボタンなどの素材には、自由に文字を追加して使用します。素材で使用しているフォントはそれぞれのページに記載しているので、それらをインストールしておけば、文字入りの素材とデザインを合わせられます。

1 フォントのダウンロードを行った後、フォントファイルを開いてインストールします。

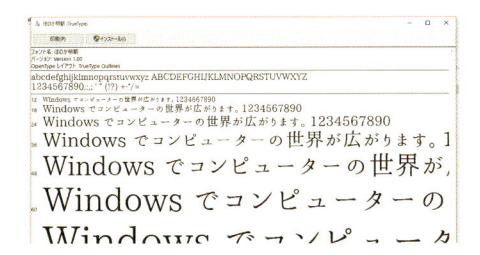

2 https://pixlr.com/editor/ にアクセスします。[ファイルから画像を開く]をクリックし、目的のファイルを選択して開きます。

3 ツールから[タイプツール]を選択して、テキストを入れたい箇所をクリックします。場所は後から変更できます。

4 テキストを入力し、フォント、スタイル、フォントサイズ、色を選択して[OK]をクリックします。

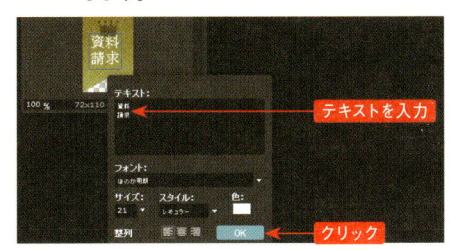

5 ツールから[移動ツール]を選択し、文字をドラッグして位置を調整します。

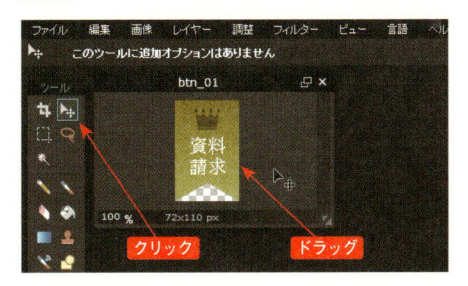

6 メニューから[ファイル]→[保存]を選択して保存します。透過部分がある素材ではフォーマットはPNGがおすすめです。

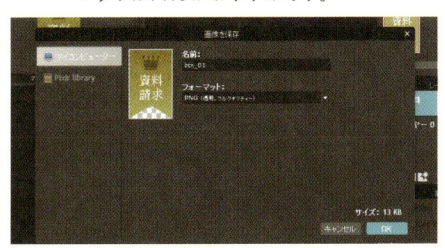

画像の色合いや明るさを調整する

pixlr の［調整］メニューを利用すると、収録素材の色調を好みの色に変更したり、明るさ、コントラストなどを調整することができます。素材の画像だけでなく、自身で撮影した写真を整えるためにも応用できます。

1 https://pixlr.com/editor/にアクセスします。［ファイルから画像を開く］をクリックし、目的のファイルを選択して開きます。	**4** 写真などの明るさを調整するには、［調整］→［明るさとコントラスト］を選択します。

2 メニューから［調整］→［色調と彩度］を選択して、［色調］［彩度］［明度］を調整します。色調は赤青黄などの色味のことです。彩度で色の強さを、明度で明るさを調整します。

5 明るさをさらに細かく調整したい場合は、［調整］→［レベル］を選択し、グラフの下のハンドルを左右に動かして、明るさを調整します。

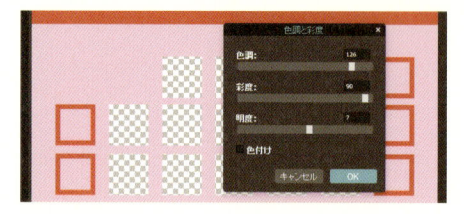

3 色味をもう少し細かく調整したい場合は、［調整］→［Colorbalance］を選択します。赤・緑・青の3原色（RGB）を調整します。

6 メニューから［ファイル］→［保存］を選択して保存します。

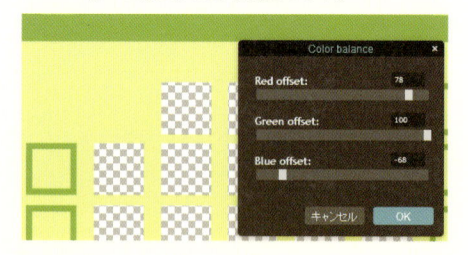

Part2

—

コード素材

01 「ページの先頭へ戻る」ボタンを常に右下に表示する

縦に長いページになった場合は、ページの先頭に戻れるボタンを設置しましょう。
常に画面上に表示させ、閲覧者がいつでも移動できるように配慮します。

● CD ▶ 📁 Part 2 ▶ 📁 01_戻るボタン

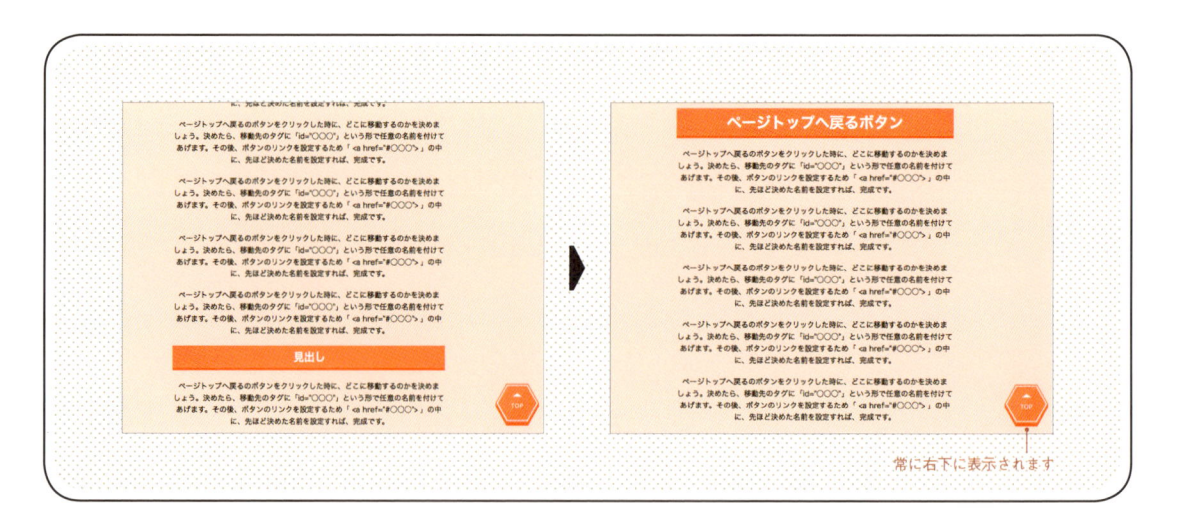

常に右下に表示されます

---

1 コード01 を参考にして、HTMLの先頭にある見出しなどのタグに、「id="top"」を挿入します。タグ名（ここではh1）と「id」の間は半角スペースで空けてください。

2 ボタンを置きたい位置に コード02 を入力します。このコードでは、imgフォルダの中に目的の画像（btn.png）が設定されていることを想定しています（以降のコード素材も同様です）。

3 CSSファイルのどこかに コード03 を入力します。

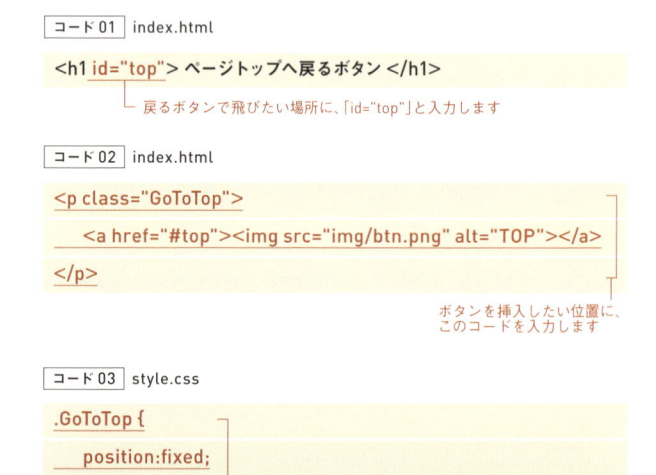

コード01 | index.html

```
<h1 id="top"> ページトップへ戻るボタン </h1>
```
戻るボタンで飛びたい場所に、「id="top"」と入力します

コード02 | index.html

```
<p class="GoToTop">
    <a href="#top"><img src="img/btn.png" alt="TOP"></a>
</p>
```
ボタンを挿入したい位置に、このコードを入力します

コード03 | style.css

```
.GoToTop {
    position:fixed;
    bottom:10px;
    right:10px;
}
```
CSSファイルにこのコードを入力します

02 | スムーズにスクロールする「戻る」ボタン

「ページの先頭へ戻る」ボタンをクリックしたときに一瞬で先頭に戻ると、閲覧者が混乱することがあります。そこでスムーズにスクロールしながら戻るようにしてみましょう。

● CD ▶ ■ Part 2 ▶ ■ 02_スムーズな戻るボタン

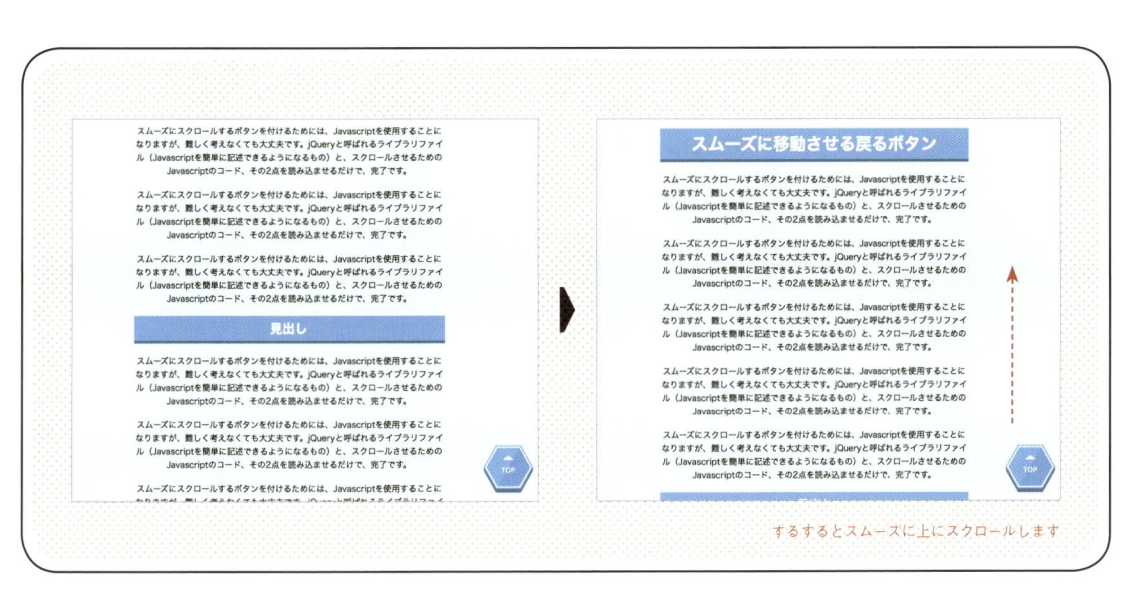

するするとスムーズに上にスクロールします

1 CD-ROM からJavaScript プログラムが入ったjsフォルダをコピーし、HTML ファイルと同じフォルダ内に置きます。

2 HTML の <head> ～ </head> の間に コード01 を入力します。

3 以下、前項の手順と同様に コード02 コード03 コード04 を挿入して「戻る」ボタンを設置します。

コード04 | style.css

```
.GoToTop {
    position:fixed;
    bottom:10px;
    right:10px;
}
```

コード01 | index.html

```
<script type="text/javascript" src="http://ajax.googleapis.
com/ajax/libs/jquery/1.8.3/jquery.min.js"></script>
<script type="text/javascript" src="js/scroll.js"></script>
```

<head> ～ </head>の間に、このコードを入力します

コード02 | index.html

```
<h1 id="top"> ページトップへ戻るボタン </h1>
```

コード03 | index.html

```
<p class="GoToTop">
    <a href="#top"><img src="img/btn.png" alt="TOP"></a>
</p>
```

03 ボタンの画像をマウスオーバーで光らせる

リンクが設定された画像にマウスを合わせたときに、白く光るようにしてみましょう。
クリックできることがわかりやすくなるので、ページを見る人に親切です。

● CD ▶ ◼ Part 2 ▶ ◼ 03_ロールオーバー

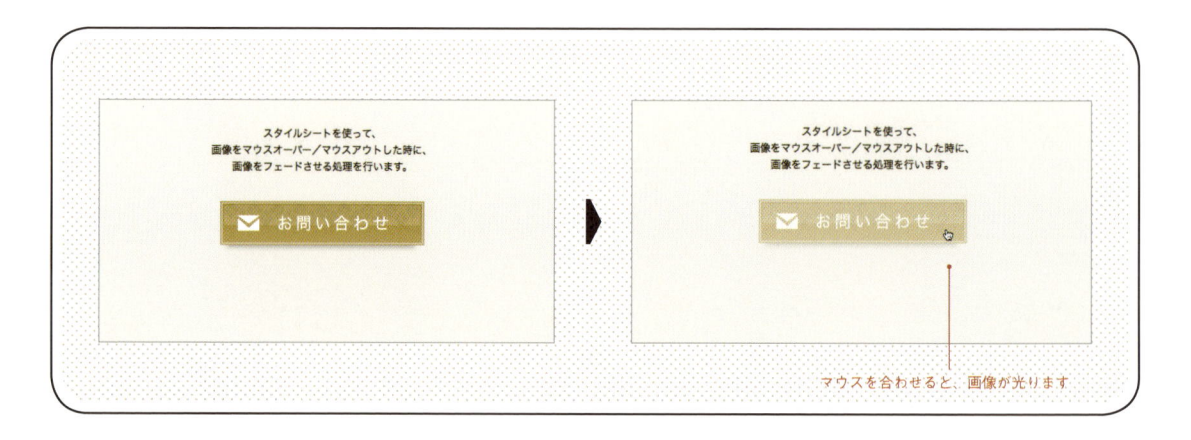

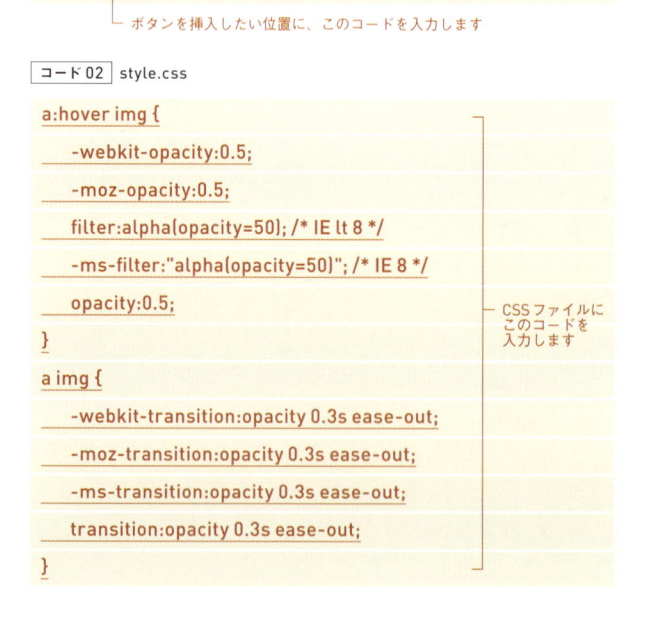

マウスを合わせると、画像が光ります

1 ボタンを置きたい場所に コード01 を入力します。

2 CSSファイルのどこかに コード02 を入力します。

<table>
<tr><td>注意</td></tr>
<tr><td>このコードはInternet Explorer 9以前のバージョンでは正しく動作しません。</td></tr>
</table>

コード01 index.html

```html
<a href="#"><img src="img/btn.png" alt=" 問い合わせ "></a>
```

ボタンを挿入したい位置に、このコードを入力します

コード02 style.css

```css
a:hover img {
    -webkit-opacity:0.5;
    -moz-opacity:0.5;
    filter:alpha(opacity=50); /* IE lt 8 */
    -ms-filter:"alpha(opacity=50)"; /* IE 8 */
    opacity:0.5;
}
a img {
    -webkit-transition:opacity 0.3s ease-out;
    -moz-transition:opacity 0.3s ease-out;
    -ms-transition:opacity 0.3s ease-out;
    transition:opacity 0.3s ease-out;
}
```

CSSファイルにこのコードを入力します

04 | マウスオーバーで画像を別の画像に切り替える

画像にマウスを合わせたときに、あらかじめ用意した別の画像に切り替わるようにします。
通常時の画像は「○○○_off.png」、マウスオーバー時は「○○○_on.png」という名前にします。

● CD ▶ ■ Part 2 ▶ ■ 04_画像切り替え

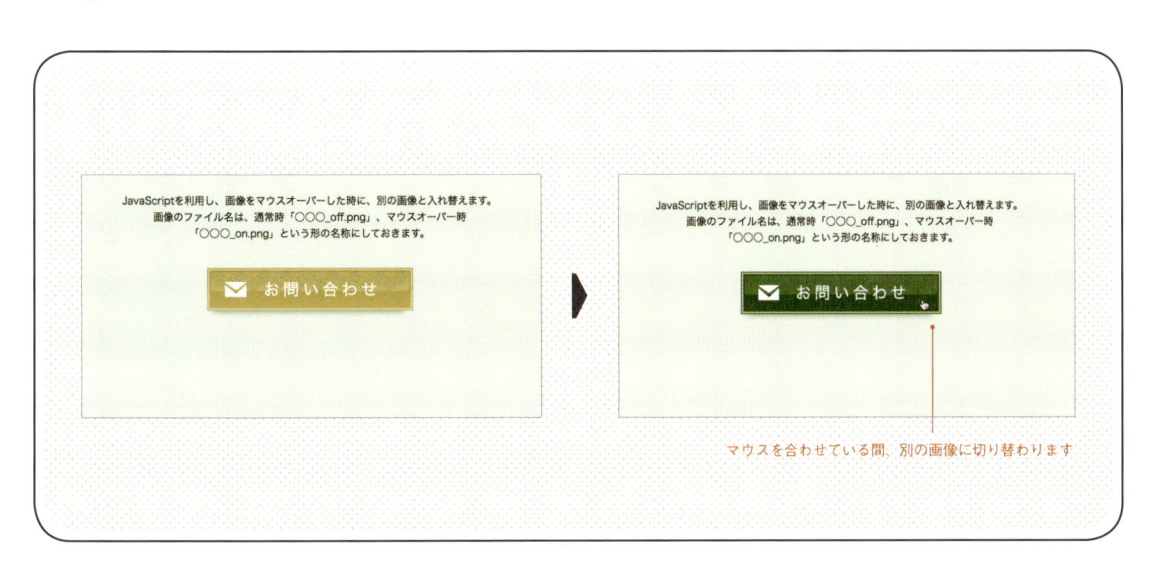

マウスを合わせている間、別の画像に切り替わります

---

1 CD-ROMからJavaScriptプログラムが入ったjsフォルダをコピーし、HTMLファイルと同じフォルダ内に置きます。

2 HTMLの <head> 〜 </head> の間に コード01 を入力します。

3 ボタンを置きたい位置に コード03 を入力します。この例では「btn_off」という名前にしていますが、画像のファイル名に合わせて変えてください。

4 画像のファイル名の前半が同じで、末尾だけが「_off」「_on」と違っているようにするのがポイントです。

コード01 | index.html

```
<script type="text/javascript" src="http://ajax.googleapis.
com/ajax/libs/jquery/1.8.3/jquery.min.js"></script>
<script type="text/javascript" src="js/mouseover.js"></
script>
```

<head> 〜 </head>の間に、
このコードを入力します

コード02 | index.html

```
<a href="#"><img src="img/btn_off.png" alt=" 問い合わせ "></
a>
```

画像のファイル名は「○○○_off」という
名前にします（マウスオーバー時の画像
は、同じフォルダに「○○○_on」という
名前で格納）

btn_off.png   btn_on.png

05 背景画像を繰り返して表示する

小さい画像でも繰り返して表示させることで、
画面上いっぱいに背景画像として敷き詰めることができます。

● CD ▶ ■ Part 2 ▶ ■ 05_背景画像繰り返し

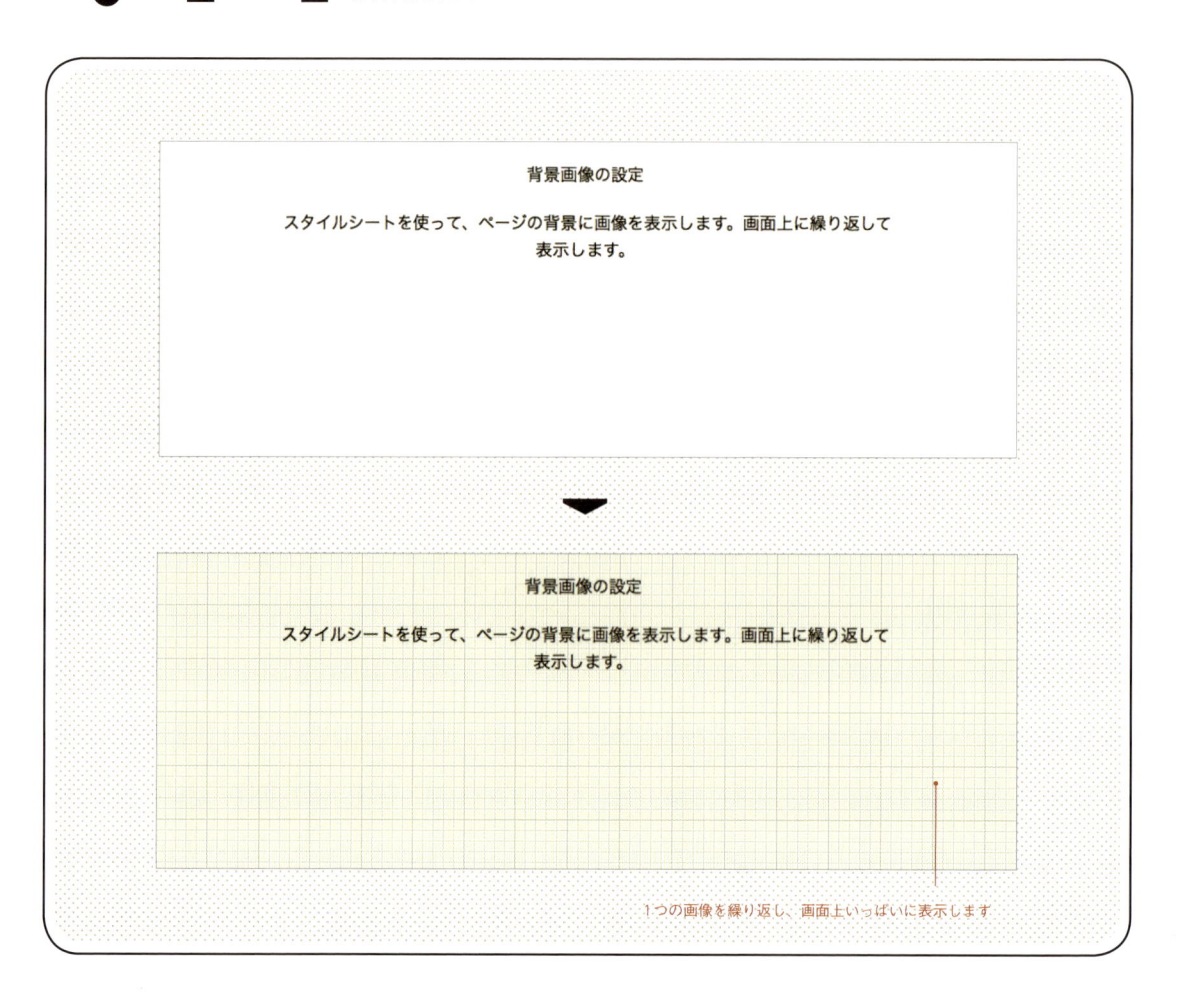

1つの画像を繰り返し、画面上いっぱいに表示します

1 背景用の画像ファイルを用意し、画像フォルダに格納します。	コード01 style.css
2 CSSファイルのどこかに コード01 を入力します。	`body { background:url(../img/back.png) repeat; }`

CSSファイルにこのコードを入力します

CSSファイルから見た画像ファイルの位置を記述します

06 | ウィンドウサイズに合わせて背景画像を拡大・縮小する

ページの背景に大きな写真などを配置した場合、ウィンドウサイズが写真より小さいと表示しきれません。自動的に拡大・縮小して常に全体が表示されるようにします。

● CD ▶ 📁 Part 2 ▶ 📁 06_ 背景画像拡大縮小

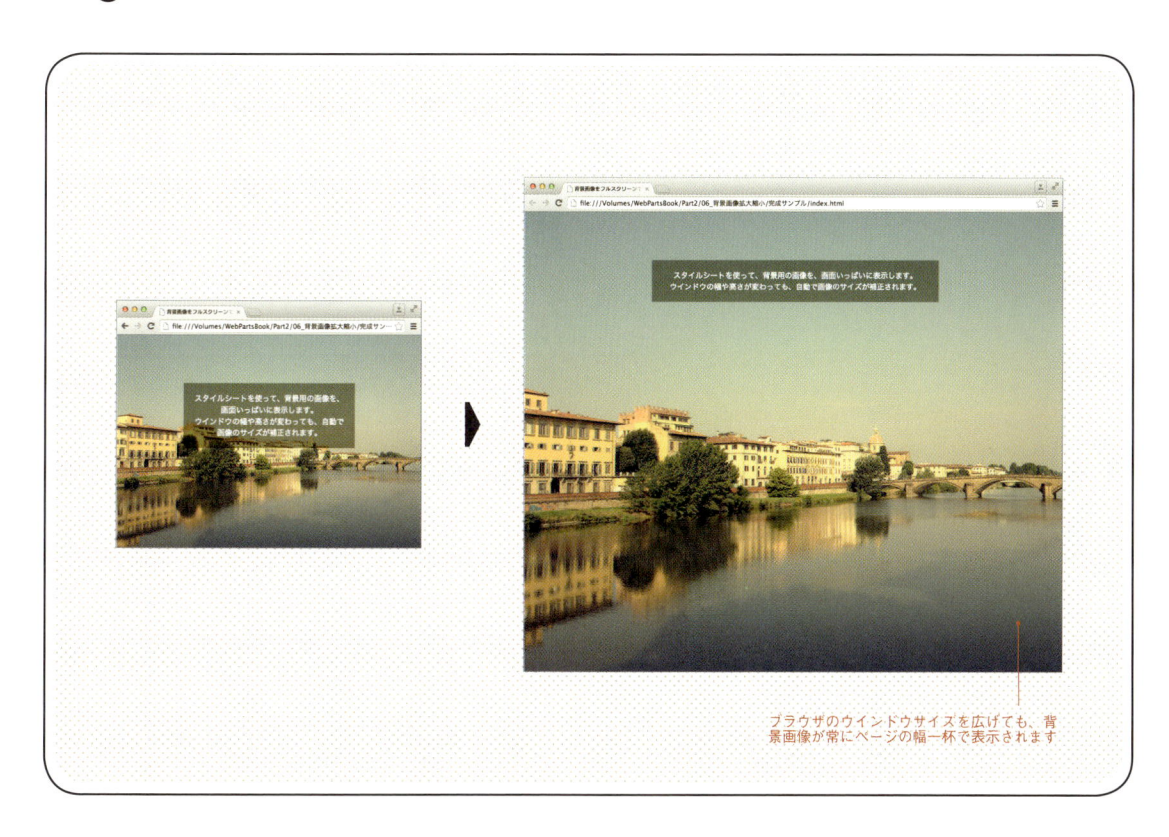

ブラウザのウィンドウサイズを広げても、背景画像が常にページの幅一杯で表示されます

|1| 背景用の画像ファイル（できれば幅1000px以上のもの）を用意し、画像フォルダに格納します。

|2| CSSファイルのどこかに コード01 を入力します。「back_big.jpg」の部分が画像のファイル名なので、実際のファイル名に合わせて変えてください。

注意
このコードはInternet Explorer 8以前のバージョンでは正しく動作しません。

コード01 | style.css

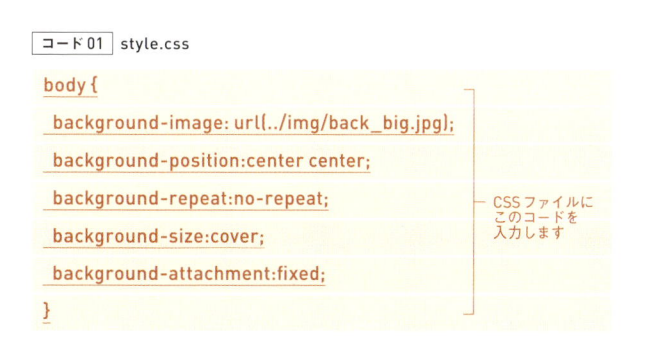

```
body {
  background-image: url(../img/back_big.jpg);
  background-position:center center;
  background-repeat:no-repeat;
  background-size:cover;
  background-attachment:fixed;
}
```

CSSファイルにこのコードを入力します

07 外部リンクを自動的に別タブで開く

リンクの URL が「http://」から始まる外部リンクだった場合、
クリックしたときにページが別タブで開くようにします。

● CD ▶ ■ Part 2 ▶ ■ 07_別のタブで開く

別タブで新規ページを開きます

---

1 CD-ROM から JavaScript プログラムが入った js フォルダをコピーし、HTML ファイルと同じフォルダ内に置きます。

2 HTML の \<head\> ～ \</head\> の間に コード01 を入力します。

3 コード02 のような「http:// ～」から始まるリンクがあれば、別タブで開くようになります。

> **注意**
> link.js を利用した本コードでは「https:// ～」で
> はじまる URL は別タブでは開かれません。また、
> WordPress 等の CMS を利用している場合、内
> 部リンクにも「http:// ～」ではじまる URL が利用
> されることがあるため、内部リンクであっても別タ
> ブで開かれる場合があります

コード01 index.html

```html
<script type="text/javascript" src="http://ajax.googleapis.com/ajax/libs/jquery/1.8.3/jquery.min.js"></script>
<script type="text/javascript" src="js/link.js"></script>
```

\<head\> ～ \</head\>の間に、このコードを入力します

コード02 index.html

```html
<a href="http://www.mdn.co.jp/"><img src="img/btn.png" alt=" 詳しくはこちら "></a>
```

http:// からはじまる URL を入力します

08 クリックで消せるメッセージを表示する

閉じるボタンをクリックして消すことができるメッセージボックスを作成します。
ページを表示したときに、重要な警告文を見せたいときなどに役立ちます。

● CD ▶ ■ Part 2 ▶ ■ 08_メッセージボックス

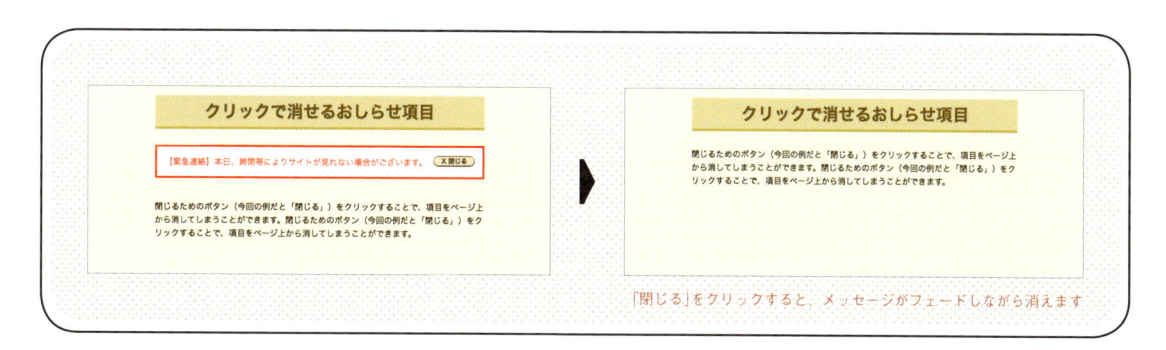

「閉じる」をクリックすると、メッセージがフェードしながら消えます

1 CD-ROMからJavaScriptプログラムが入ったjsフォルダをコピーし、HTMLファイルと同じフォルダ内に置きます。

2 HTMLの <head> ～ </head> の間に コード01 を入力します。

コード01 index.html

```
<script type="text/javascript" src="http://ajax.googleapis.
com/ajax/libs/jquery/1.8.3/jquery.min.js"></script>
<script type="text/javascript" src="js/hide.js"></script>
```

<head> ～ </head>の間に、このコードを入力します

3 メッセージを追加したい場所に コード02 を入力します。メッセージを書き換えるときは、タグを消さないよう注意してください。

コード02 index.html

```
<div class="hideCnt">
    <p>【緊急連絡】本日、時間帯によりサイトが見れない場合がご
ざいます。<span class="hideBtn"><img src="img/btn.png"
alt=" 閉じる "></span></p>
</div>
```

表示したいメッセージに変更します

メッセージを表示したい場所に入力します

4 CSSファイルのどこかに コード03 を入力します。

枠色を変えたい場合は、borderの「#ff0000」を別のカラーコードに変更します。

コード03 style.css

```
.hideCnt {
    background:#fff;
    border:#ff0000 4px solid;
    padding:15px;
    color:#f00;
}
```

枠の色を変えたい場合は、ここのカラーコードを変更します

```
.hideBtn {
    cursor:pointer;
    float:right;
}
```

CSSファイルにこのコードを入力します

09 クリックするたびに開閉できる ボックス

クリックするたびに、内容の表示／非表示が切り替わるボックスを設置します。
注意書きなどを必要なときだけ表示したいときに使います。

● CD ▶ ■ Part 2 ▶ ■ 09_開閉ボックス

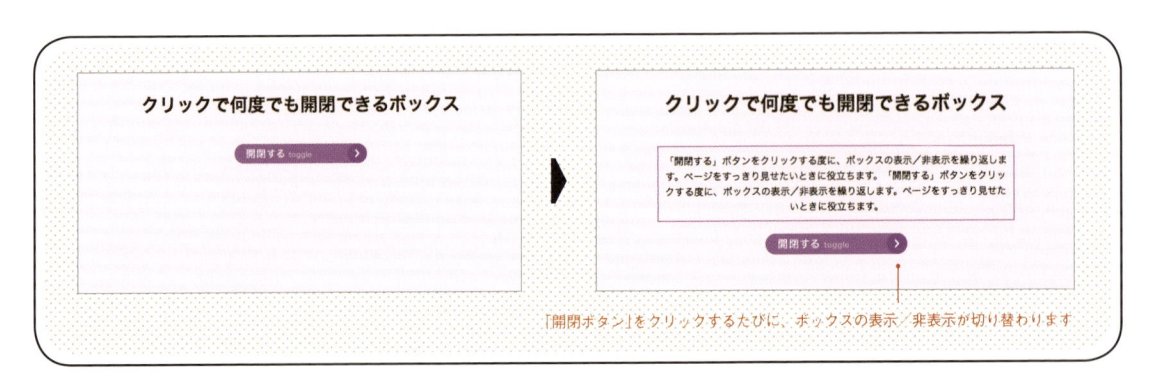

クリックで何度でも開閉できるボックス

開閉する toggle ＞

クリックで何度でも開閉できるボックス

「開閉する」ボタンをクリックする度に、ボックスの表示／非表示を繰り返します。ページをすっきり見せたいときに役立ちます。「開閉する」ボタンをクリックする度に、ボックスの表示／非表示を繰り返します。ページをすっきり見せたいときに役立ちます。

開閉する toggle ＞

「開閉ボタン」をクリックするたびに、ボックスの表示／非表示が切り替わります

---

1 CD-ROMからJavaScriptプログラムが入ったjsフォルダをコピーし、HTMLファイルと同じフォルダ内に置きます。

2 HTMLの <head> ～ </head> の間に コード01 を入力します。

3 ボックスを追加したい場所のHTMLに コード02 を入力します。

4 CSSファイルのどこかに コード03 を入力します。

枠色を変えたい場合は、borderの「#DB6FFF」を別のカラーコードに変更します。

コード 01 index.html

```
<script type="text/javascript" src="http://ajax.googleapis.
com/ajax/libs/jquery/1.8.3/jquery.min.js"></script>
<script type="text/javascript" src="js/toggle.js"></script>
```

<head> ～ </head>の間に、このコードを入力します

コード 02 index.html

```
<div class="toggleCnt">
    <p>「開閉する」ボタンをクリックする度に、ボックスの表示／非表
示を繰り返します。～～～ </p>
</div>
<span class="toggleBtn"><img src="img/btn.png" alt=" 開閉
する "></span>
```

表示したいメッセージに変更します

ボックスを挿入したい位置に、このコードを入力します

コード 03 style.css

```
.toggleCnt {                    .toggleBtn {
    display:none;                   cursor:pointer;
    border:#DB6FFF 2px solid;       padding:10px;
    padding:10px;               }
}
```

枠の色を変えたい場合は、ここのカラーコードを変更します

CSSファイルにこのコードを入力します

10 | マウスオーバーで画像を傾けながら拡大させる

画像にマウスを合わせたときに、画像の角度と大きさが徐々に変わるようにします。
見て楽しい演出でクリック可能なことを知らせる使い勝手がいいテクニックです。

● CD ▶ ■ Part 2 ▶ ■ 10_ 傾き拡大

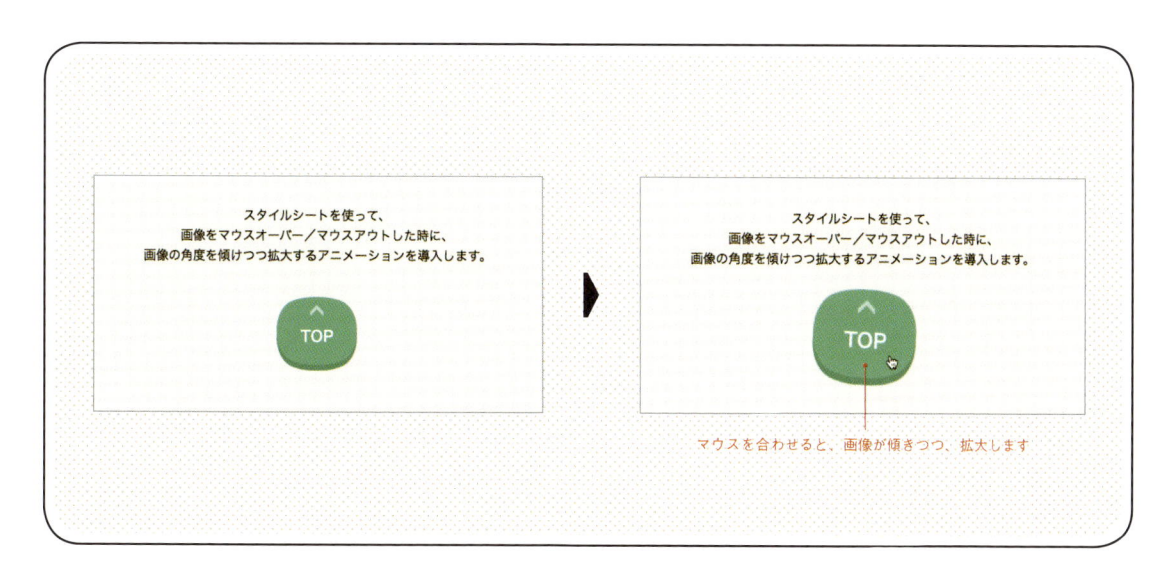

マウスを合わせると、画像が傾きつつ、拡大します

---

1 コード01 を参考に、画像のタグの中に「class="scale"」と入力します。classの前は半角スペースで空けるようにしてください。

2 CSSファイルのどこかに コード02 を入力します。

注意
このコードは Internet Explorer 9 以前のバージョンでは正しく動作しません。

コード01 index.html

```html
<img src="img/img.png" alt="TOP" class="scale">
```

ボタンを挿入したい位置に、このコードを入力します

コード02 style.css

```css
.scale {
    -webkit-transition:0.5s;
    -moz-transition:0.5s;
    -ms-transition:0.5s;
    -o-transition:0.5s;
    transition:0.5s;
}
.scale:hover {
    transform:scale(1.3) rotate(3deg);
}
```

CSSファイルにこのコードを入力します

11 マウスオーバーで画像をくるっと回転させる

画像にマウスを合わせたときに、画像が回転します。
見て楽しい演出でクリック可能なことを知らせる使い勝手がいいテクニックです。

● CD ▶ ■ Part 2 ▶ ■ 11_ 回転

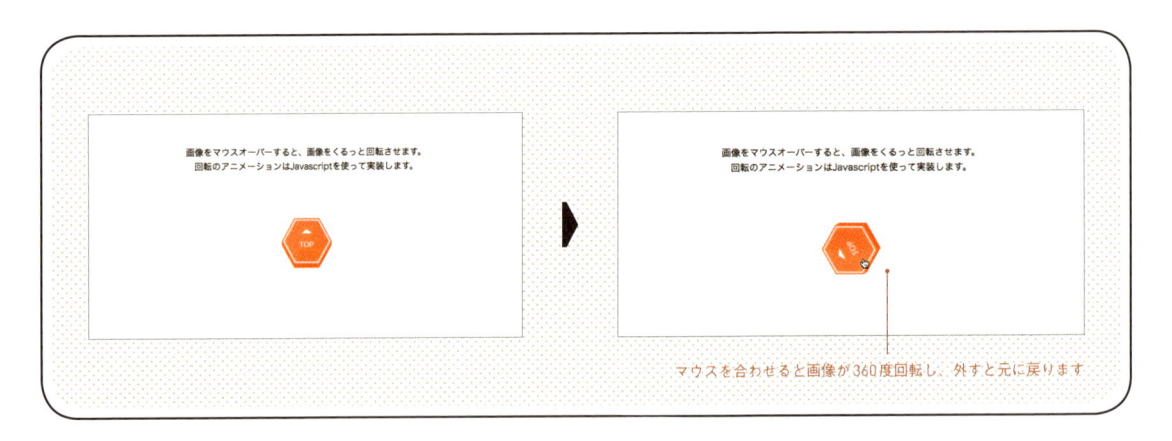

マウスを合わせると画像が360度回転し、外すと元に戻ります

---

1 CD-ROM からJavaScript プログラムが入ったjsフォルダをコピーし、HTMLファイルと同じフォルダ内に置きます。

2 HTML の `<head>` ～ `</head>` の間に コード01 を入力します。

3 コード01 のすぐ下に、 コード02 を入力します。

4 コード03 を参考に、画像のタグの中に「class="roll"」と入力します。classの前は半角スペースで空けるようにしてください。

コード03 index.hmtl

```html
<img src="img/btn.png" alt="TOP"
class="roll">
```

「class="roll"」と入力します

コード01 index.html

```html
<script type="text/javascript" src="http://ajax.googleapis.
com/ajax/libs/jquery/1.8.3/jquery.min.js"></script>
```

`<head>` ～ `</head>`の間にこのコードを入力します

コード02 index.html

```html
<script type="text/javascript" src="js/jQueryRotate.js"></
script>
<script type="text/javascript">
$(function(){
 $(".roll").rotate({
  bind:{
   mouseover:function(){$(this).rotate({animateTo:360})},
   mouseout :function(){$(this).rotate({animateTo:0})}
  }
 });
});
</script>
```

コード01の下の行に、これを入力します

12 | お知らせボックスに スクロールバーを付ける

スクロールバーが付いたボックスなら、表示する文章が増えてもコンパクトに掲載できます。
新着情報などに利用すると便利です。

● CD ▶ ■ Part 2 ▶ ■ 12_スクロールバー付きボックス

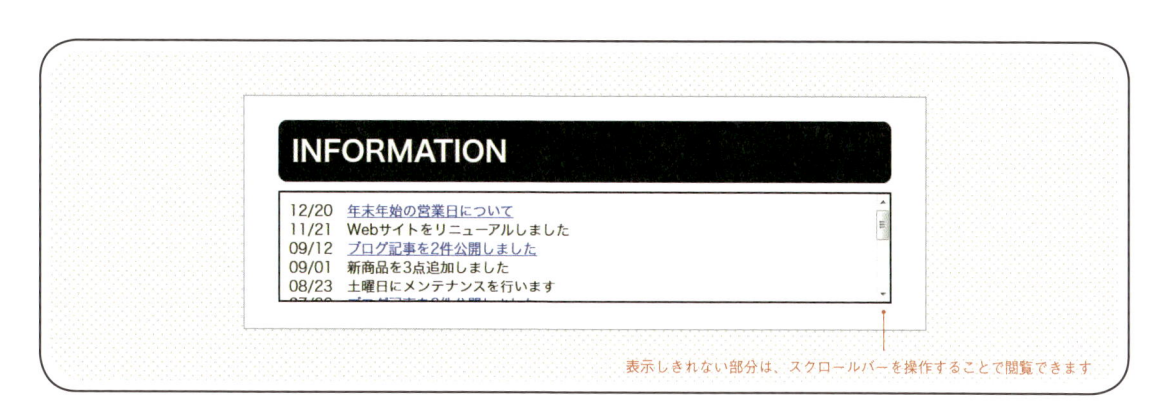

表示しきれない部分は、スクロールバーを操作することで閲覧できます

1 ボックスを表示したい部分に コード01 を入力します。文章を改行する場合は、文末に \<br\> と入力します。

2 CSSファイルのどこかに コード02 を入力します。

枠色を変えたい場合は、borderの「#000000」を別のカラーコードに変更します。

ボックスの高さを変えたいときは、「height:100px;」の数値を変更します。

コード01 | index.html

```html
<div class="srcollBox">

12/20  <a href="#"> 年末年始の営業日について </a><br>

11/21  Web サイトをリニューアルしました <br>

09/12  <a href="#"> ブログ記事を 2 件公開しました </a><br>

09/01  新商品を 3 点追加しました <br>

08/23  土曜日にメンテナンスを行います <br>

……

</div>
```

ボックスを置く場所に、このコードを入力します

コード02 | style.css

```css
.srcollBox {

    overflow:auto;

    border:#000000 2px solid;

    padding:10px;

    line-height:1.3;

    height:100px;

}
```

CSS ファイルにこのコードを入力します

13 写真にシャドウを付ける

写真に影（シャドウ）を付けると、アルバムのような本物感を出すことができます。
設定の数値を変えて影の大きさを調整することも可能です。

● CD ▶ ■ Part 2 ▶ ■ 13_シャドウ

写真にシャドウが追加されます

2 コード01 を参考に、画像のタグの中に「class="shadow"」と入力します。classの前は半角スペースで空けるようにしてください。

2 CSSファイルのどこかに コード02 を入力します。

> **注意**
> このコードは Internet Explorer 8以前のバージョンでは正しく動作しません。

コード01 index.html

```html
<img src="img/photo.jpg" alt=" 写真 " class="shadow">
```

画像に「class="shadow"」と入力します

コード02 style.css

```css
img.shadow {
    box-shadow:0 0 20px -5px rgba(0,0,0,0.8);
}
```

CSSファイルにこのコードを入力します

14 写真に文字入りの付箋を付ける

写真の端に、文字を載せた付箋を貼り付けてみましょう。
付箋部分は画像を使わないので、文字を簡単に変更することが可能です。

● CD ▶ 📁 Part 2 ▶ 📁 14_付箋

スタイルシートを使って、写真に任意の文字を入れた付箋を貼り付けます。

写真の右上に付箋を付けます

1 コード01 を参考に、付箋を付けたい画像の前後にタグを付けます。

2 CSSファイルのどこかに コード02 のコードを入力します。文字を変更したい場合は content:"○○○" の部分を書き換えます。

> **注意**
> このコードは Internet Explorer 9以前のバージョンでは正しく動作しません。

コード01 | index.html

```html
<div class="tag"><img src="img/photo.jpg" alt="写真"
width="300"></div>
```

付箋を付ける画像を、class="tag" で
囲むように入力します

コード02 | style.css

```css
.tag {
    position:relative;
    overflow:hidden;
    display:inline-block;
}
.tag:after {
    position:absolute;
    background:#FF339A;
    text-align:center;
    color:#fff;
    width:150px;
    padding:5px 10px;
    box-shadow:0 1px 3px #333;
    top:15px;
    right:-50px;
    transform:rotate(40deg);
    content:"50%OFF!";
}
```

付箋上の文字を入力します

CSSファイルにこのコードを入力します

15 | 画像をぼかし、マウスオーバーで元の状態に戻す

画像にぼかし効果を加えた上で、画像をマウスオーバーすることで、ぼかしが消え、
元の画像が表示されようにしましょう。

CD ▶ Part 2 ▶ 15_ぼかし

マウスを合わせるとぼかし効果が消えます

1 コード01 を参考に、画像のタグの中に「class="blur"」と入力します。classの前は半角スペースで空けるようにしてください。

コード01 index.html

```html
<img src="img/photo.jpg" alt=" 写真 " class="blur">
```

「class="blur"」と入力します

2 CSSファイルのどこかに コード02 を入力します。

コード02 style.css

```css
img.blur {
    -webkit-filter:blur(4px);
    filter:blur(4px);
    -webkit-transition:0.4s ease-in-out;
    transition:0.4s ease-in-out;
}
img.blur:hover {
    -webkit-filter:blur(0);
    filter:blur(0);
}
```

CSSファイルにこのコードを入力します

> **注意**
> このコードはInternet Explorer 9以前のバージョンでは正しく動作しません。

Part3

—

ページテンプレート

ページテンプレートの使い方

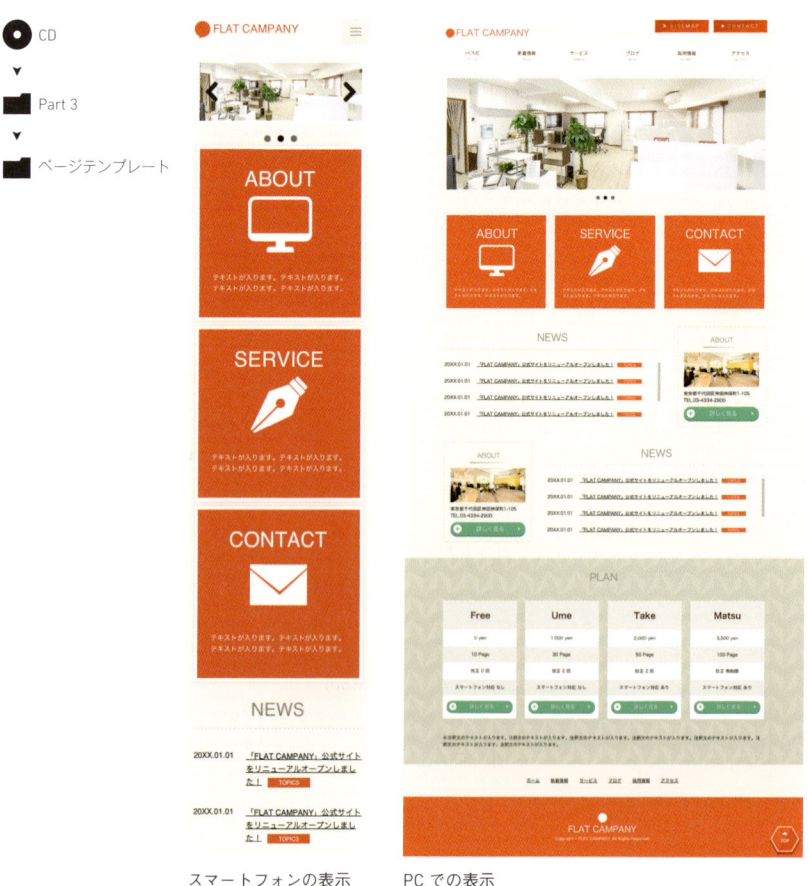

スマートフォンの表示　　PC での表示

ページテンプレートは Web ページ丸ごとの素材で、パソコンとスマートフォンに両対応しています。中のテキストや画像を差し替えることで、ご自身のホームページに使用できます。完成イメージは上図のものです。ここでは、ダミーテキストを入れた「index_dummy.html」を編集してコンテンツを増やしたり、素材を貼り付ける基本的な方法をいくつか紹介しましょう。

テンプレート使用上のご注意

ページテンプレートのカスタマイズには、HTML や CSS の基本的な知識が必要です。また、フォルダの名前や位置を変更すると、動作しなくなることがあるので注意してください。なお、紙面上のページに表示されている写真は完成イメージをわかりやすくするためのもので、ページテンプレートには収録されておりません。

ページテンプレートのフォルダ構成

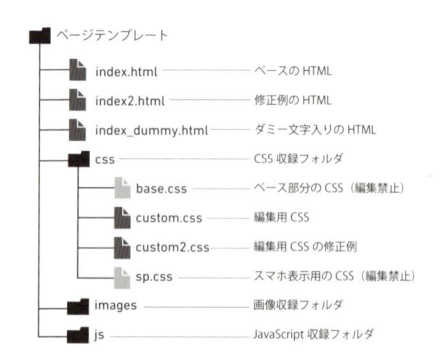

- ページテンプレート
  - index.html ── ベースの HTML
  - index2.html ── 修正例の HTML
  - index_dummy.html ── ダミー文字入りの HTML
  - css ── CSS 収録フォルダ
    - base.css ── ベース部分の CSS（編集禁止）
    - custom.css ── 編集用 CSS
    - custom2.css ── 編集用 CSS の修正例
    - sp.css ── スマホ表示用の CSS（編集禁止）
  - images ── 画像収録フォルダ
  - js ── JavaScript 収録フォルダ

01 │ コンテンツを増やす

1 使用したいカラムをコピーします。
（今回は「3 カラム」 コード 01 をコ
ピーします）

2 配置したい場所に、コピーしたコー
ドを貼り付けます。

コード 01

```
<!-- 3 カラム -->
<div class="column3-Box">
    <article class="Box">
        <h2> 見出し見出し </h2>
        <p> テキストテキストテキストテキストテキスト </p>
        <p><img src="images/photo01.jpg" alt=""></p>
        <p> テキストテキストテキストテキストテキスト </p>
        <p><a href="#"> テキストテキストテキスト </a></p>
    </article>
    <article class="Box">
        <h2> 見出し見出し </h2>
        <p> テキストテキストテキストテキストテキスト </p>
        <p><img src="images/photo01.jpg" alt=""></p>
        <p> テキストテキストテキストテキストテキスト </p>
        <p> テキストテキストテキストテキストテキスト </p>
    </article>
    <article class="Box">
    <h2> 見出し見出し </h2>
    <p> テキストテキストテキストテキストテキストテキスト </p>
        <p><img src="images/photo01.jpg" alt=""></p>
        <p> テキストテキストテキストテキスト </p>
        <p> テキストテキストテキストテキスト </p>
    </article>
</div>
```

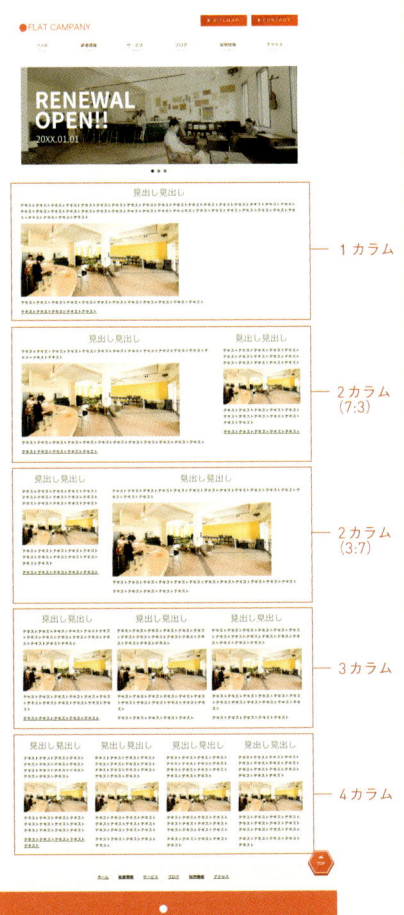

1 カラム

2 カラム
（7:3）

2 カラム
（3:7）

3 カラム

4 カラム

サンプルの「index_dummy.html」には、合計
5 種類のカラム（段組み）のテンプレートが用
意されており、コンテンツを増やしたいときは
目的に合ったカラムのコードをコピーして使用
する

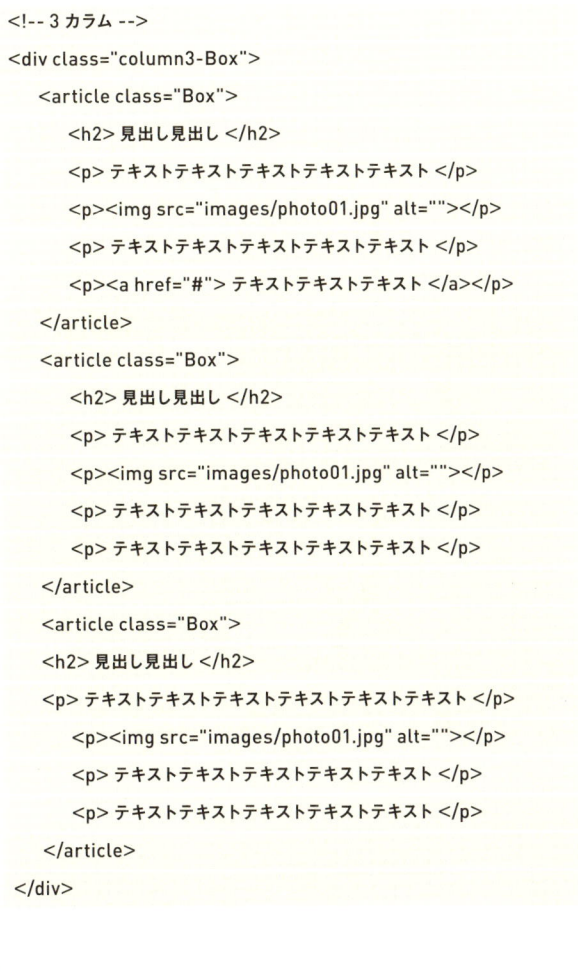

index_dummy.html に新しい 3 カラムを追加

02 | 素材をボタンとして貼り付ける

1 素材画像に任意のファイル名を付け、「images」フォルダにコピーします。

2 コード01 を参考にしてボタンを挿入したい場所に画像を表示するコードを入力します。

3 ボタンにリンクを付ける場合は コード02 のようにコードを変更し、リンク先のURLを入力します。

index_dummy.html にボタンを追加

コード01

```
<div class="column1-Box">
    <h2> 見出し見出し </h2>
    <p> テキストテキストテキストテキストテキスト……</p>
    <p><img src="images/photo01.jpg" alt=""></p>
    <p> テキストテキストテキストテキストテキスト……</p>
    <p><img src="images/btn_10.png" width="240"></p>
</div>
```

width="○○○" で画像の表示サイズを指定します

ボタンの画像を置くコードを挿入します

コード02

```
<p><a href="http://www.mdn.co.jp/"><img src="images/
btn_10.png" width="240"></a></p>
```

リンク先のURLを入力します

---

03 | 見出しに素材を貼り付ける

1 画像編集ツールを使って、見出し画像に文字を入力します（P.135参照）。編集済みの画像に任意のファイル名を付け、「images」フォルダに格納します。

2 見出し部分のコードを、 コード01 のように変更します。

コード01

```
<div class="column1-Box">
    <h2><img src="images/h_04.png" width="1020" alt="
    プロフィール "></h2>
    <p> テキストテキストテキストテキストテキストテキストテキストテキ
    ストテキストテキストテキストテキストテキストテキストテキストテキ
    ストテキスト </p>
```

見出しのタグ (h2) の中に画像を置くコードを挿入します

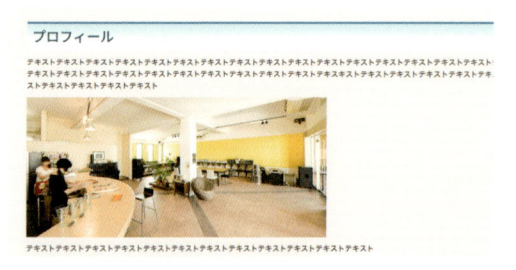

index_dummy.html に画像の見出しを設定

04 | CSS を編集してサイトの設定を変更する

同梱されている編集用スタイルシート（cust om.css ［コード01］）を書き換えることで、サイトの幅や、テキストやリンクの色、背景色など、サイト全体の設定を変更することができます。編集する場合は「css」フォルダの中にある「custom.css」をテキストエディタで開いて、必要な部分を変更します。

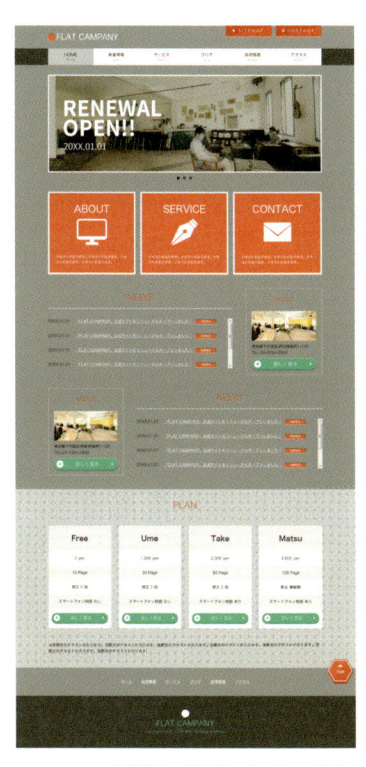

custom.css を編集するだけでサイトの見え方を変えられる（index2.html）

［コード01］ custom.css

```css
@charset "UTF-8";
header #headerInner,
#nav #navInner,
#main .mainInner,
footer #footerInner {
    max-width: 1020px;        ──── サイト全体の幅を数字で
                                    設定します
}
a {
    color: #000000;           ──── リンクテキストの色をカラー
                                    コードで設定します
}
body {
    background: #F5F5F5;      ──── サイトの背景色をカラーコード
                                    で設定します
}
#nav {
    background: #fff;         ──── ナビゲーション両端の背景色を
                                    カラーコードで設定します
}
header #headerInner h1 a {
    color: #E74C3C;          ──── サイト左上にあるロゴテキスト
                                    の色をカラーコードで設定しま
                                    す
}
#main .mainInner h2 {
    color: #92918C;          ──── カラム内の見出しテキストの色
                                    をカラーコードで設定します
}
body {
    color: #000;             ──── カラム内の本文テキストの色を
                                    カラーコードで設定します
}
footer .footerInner2 {
    background: #E74C3C;      ──── フッターの背景色をカラーコー
                                    ドで設定します
}
footer .footerInner2 {
    color: #fff;             ──── フッターのテキストの色をカ
                                    ラーコードで設定します
}
.bg-Box {
    background: url(../images/bg01.png);  ──── サイトの背景に使う画像
                                                を設定します（適用する
                                                には、次の項目で説明す
                                                る作業も必要です）
}
```

05 ｜ サイトの背景に画像を設定する

1 背景として使う素材画像に「bg01.png」というファイル名を付け、「images」フォルダに格納します。

2 コード01 のように、HTMLの一部を変更します。

コード01

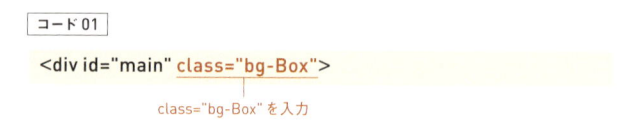

```
<div id="main" class="bg-Box">
```
class="bg-Box" を入力

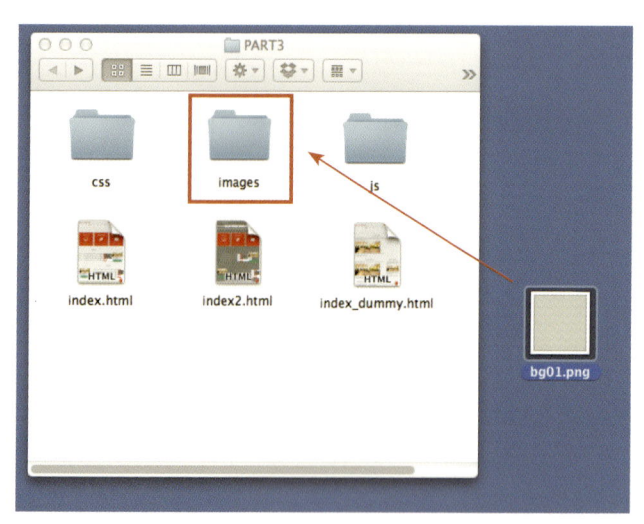

背景に使う画像ファイルを「images」フォルダに入れる

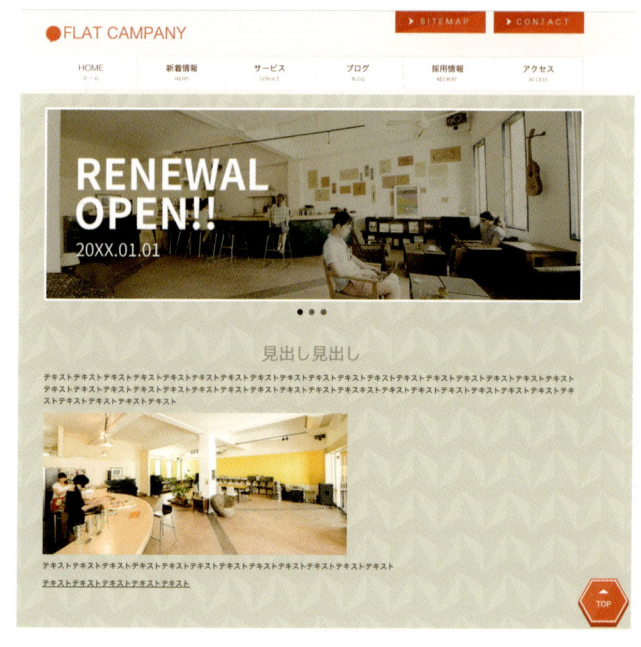

P.029 の素材「flat2_bg_01」の色を加工して設定した例

著者プロフィール

井之上 奈美 　いのうえ・なみ

制作素材　エコ・ナチュラル②・和風②

山梨県出身。静岡県浜松市のデザイン会社にてDTP、Webデザインなどの業務を経て、現在は静岡市の制作会社でwebをメインとしたデザイナーとして勤務。イラスト、女性向けのデザインが得意です。

小浜 愛香 　こはま・あいか

制作素材

高級感②・ポップ①・ポップ②・ガーリィ①・
ガーリィ②・エレガント②・ナチュラル③

広島県出身。地元制作会社の勤務を経て、現在はフリーランスとして活動中。デザイン・マークアップを主にイラストの制作なども行う。著書に『現場で必ず使われている CSS デザインのメソッド』（共著／MdN）、『プロとして恥ずかしくない 新・WEBデザインの大原則』（共著／MdN）がある。[Web] http://aika.nu　[Twitter] @katie2010116

小林 宏紀 　こばやし・ひろき

制作素材　和風①

静岡在住。色々な会社で色々なデザインを経験後、現在は某メーカーでインハウスデザイナーと売上規模が「それなり」なECサイトのWebマーケターを兼務。紙やWeb、企画、プレゼン等何でもできるのが特長だと思っています。

錦織 幸知 　にしきおり・ゆきとも

制作素材

ビジネス①・フラット①・フラット②・高級感①・Part2・Part3

静岡在住のWebデザイナー、ディレクター。Web制作会社にて、Webサイトの制作・運用に関連する全般的な業務を行う。Adobe Fireworksの普及を目的としたブログ「Fire Works.20」を運営。著書に『現場で役立つjQueryデザインパーツライブラリ』（共著／MdN）、『プロとして恥ずかしくない 新・CSSデザインの大原則』（共著／MdN）などがある。[Web] http://fw.nijyuman.com/

矢野 みち子 　やの・みちこ

制作素材

ビジネス②・ビジネス③・和風③・高級感③・
POP③・ガーリィ③・エレガント①・ナチュラル①

料理教室、地元テレビ局、制作会社でディレクター・デザイナー・企画業務などを経て、現在はWeb制作会社「株式会社KLEE」在籍。女性向けのデザイン制作を中心に、写真撮影・素材作成なども行う。著書に『アンティーク雑貨とかわいい小物の素材集』（Atelier*Spoon／MdN）、『現場で役立つjQueryデザインパーツライブラリ』（共著／MdN）などがある。[Web] http://photos-home.com/　http://petite-parole.com/blog/　[Twitter] @Michiko_Yano

装丁・本文デザイン	川村哲司・磯野正法(atmosphere ltd.)
DTP	株式会社リブロワークスデザイン室・大塚一作
編集	大津雄一郎(株式会社リブロワークス)
担当編集	後藤孝太郎

まるっとおしゃれなホームページづくり
Webデザイン&パーツ素材集
ボタン・背景・写真・罫線・フレーム・アイコン・イラスト

2015年11月1日　初版第1刷発行

著者	井之上 奈美、小浜 愛香、小林 宏紀、錦織 幸知、矢野 みち子
発行人	藤岡 功
発行	株式会社エムディエヌコーポレーション 〒101-0051　東京都千代田区神田神保町一丁目105番地 http://www.MdN.co.jp/
発売	株式会社インプレス 〒101-0051　東京都千代田区神田神保町一丁目105番地
印刷・製本	株式会社リーブルテック

【 カスタマーセンター 】
造本には万全を期しておりますが、万一、落丁・乱丁などがございましたら、送料小社負担にてお取り替えいたします。お手数ですが、カスタマーセンターまでご返送ください。
● 落丁・乱丁本などのご返送先
〒101-0051 東京都千代田区神田神保町一丁目105番地
株式会社エムディエヌコーポレーション カスタマーセンター　TEL：03-4334-2915
● 書店・販売店のご注文受付
株式会社インプレス 受注センター　TEL：048-449-8040／FAX：048-449-8041

【 内容に関するお問い合わせ先 】
株式会社エムディエヌコーポレーション カスタマーセンター メール窓口
info@MdN.co.jp
本書の内容に関するご質問は、Eメールのみの受付となります。メールの件名は「Webデザイン&パーツ素材集　質問係」、本文にはお使いの環境(OS、ブラウザのバージョン、URLなど)をお書き添えください。電話やFAX、郵便でのご質問にはお答えできません。ご質問の内容によりましては、しばらくお時間をいただく場合がございます。また、本書の範囲を超えるご質問に関しましてはお答えいたしかねますので、あらかじめご了承ください。

ISBN978-4-8443-6543-3 C3055